大约克夏猪（公）

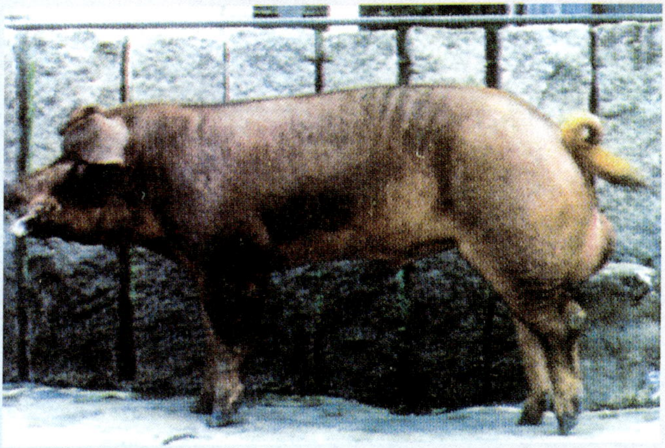

杜洛克猪（公）

杜洛克猪（母）

皮特兰猪(公)

皮特兰猪(母)

汉普夏猪(公)

东北民猪（公）

东北民猪（母）

太湖猪（母）
（梅山型）

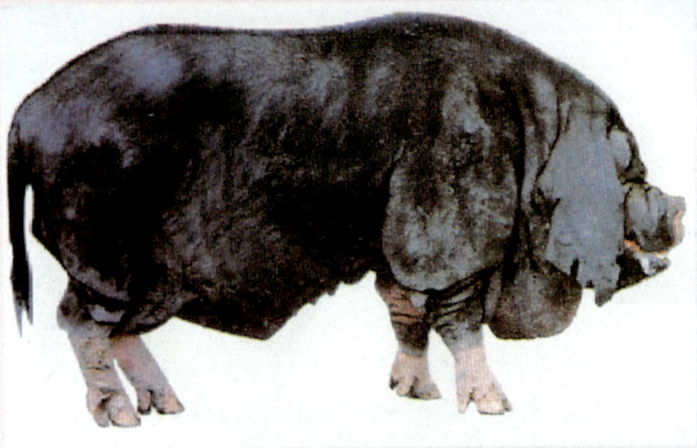

太湖猪(公)
(梅山型)

两广小花猪(母)

金华猪(母)

内江猪（公）

内江猪（母）

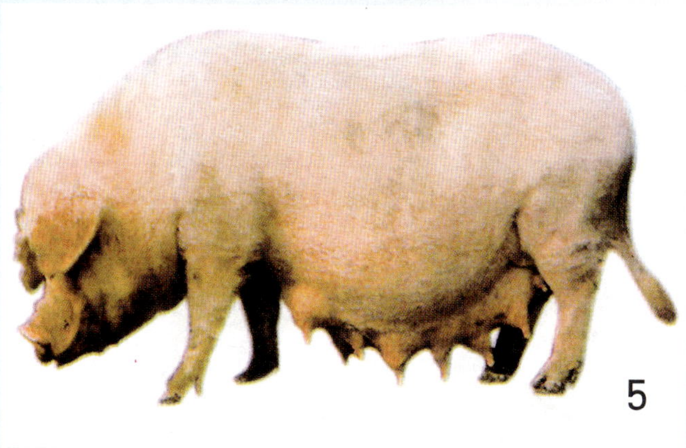
荣昌猪（母）

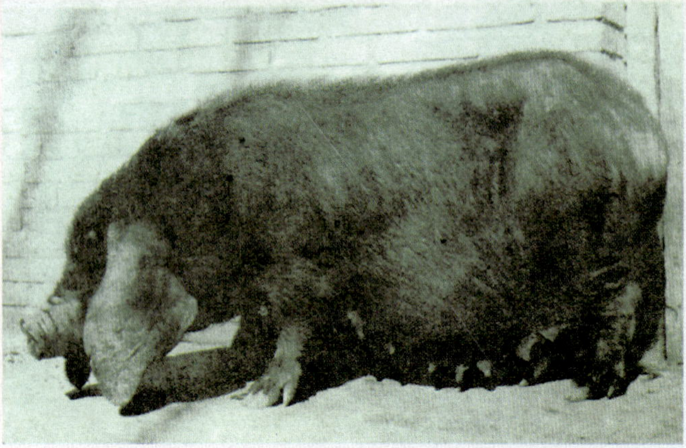

八眉猪（母）

香猪（公）

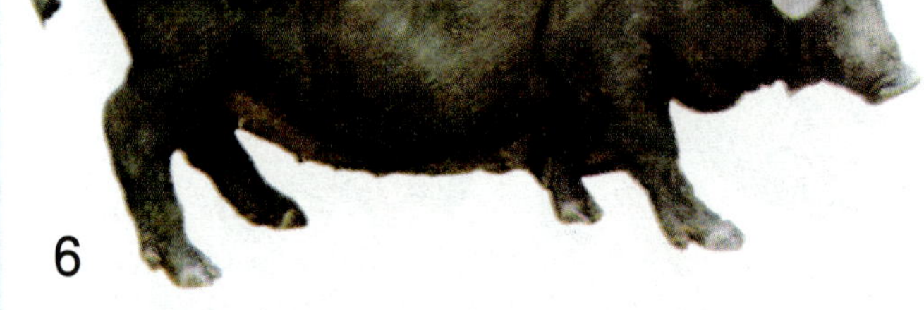

香猪（母）

三江白猪（公）

三江白猪（母）

哈尔滨大白猪（母）

湖北白猪（公）

湖北白猪（母）

上海白猪（母）

种猪选育利用与饲养管理

编著者
滚双宝　王克健　龚大勋

金 盾 出 版 社

内 容 提 要

本书由甘肃农业大学养猪专家编著。内容包括:猪的品种类型及主要品种,种猪的选育,猪的杂交与杂种优势利用,猪的繁殖技术,种猪的营养需要和饲养标准,种猪的饲养管理,种猪防疫与常见病防治等。全书技术先进实用,语言通俗易懂,适合养猪场种猪饲养管理人员、种猪饲养专业户学习使用,也可供农业院校畜牧专业师生阅读参考。

图书在版编目(CIP)数据

种猪选育利用与饲养管理/滚双宝,王克健,龚大勋编著.
—北京:金盾出版社,2007.11
ISBN 978-7-5082-4751-9

Ⅰ.种… Ⅱ.①滚…②王…③龚… Ⅲ.①种猪-家畜育种②种猪-饲养管理 Ⅳ.S828.02

中国版本图书馆 CIP 数据核字(2007)第 139521 号

金盾出版社出版、总发行
北京太平路 5 号(地铁万寿路站往南)
邮政编码:100036 电话:68214039 83219215
传真:68276683 网址:www.jdcbs.cn
北京金盾印刷厂印刷
永胜装订厂装订
各地新华书店经销
开本:787×1092 1/32 印张:6.5 彩页:8 字数:135 千字
2008 年 9 月第 1 版第 3 次印刷
印数:16001—31000 册 定价:11.00 元

目　录

第一章　猪的品种

第一节　猪的品种类型划分

在组织养猪生产时，首先要确定养什么品种的猪。所谓猪的品种是指：第一，它是由人类劳动创造和保持的一个具有经济价值和育种价值的类群；第二，具有相对稳定的各种特性，在一定条件下能巩固地遗传下去；第三，具有相对的同质性，即同一品种的猪具有共同的或相似的来源、外形、性能和生物学特性；第四，具有完整的品种结构，即保持一定程度的异质性；第五，拥有一定数量，保证能自群繁育而不致被迫进行亲缘交配。

全世界猪的品种很多，为了有益于对现存品种的利用和研究、提高，很有必要对其进行分类。在分类时，主要是以各品种猪在特征与特性上的异同作依据。遗传上的相对稳定性是品种必备的条件之一，因此划分品种类型时，以基因型特点作为依据当然最可靠，但目前的科学水平还不可能区别其基因型，只能根据品种的来源进行推断，凡是来源相近的，其基因型相似程度就较高。品种还受自然选择和人工选择的作用，它们能直接或间接地影响品种的特点。

在养猪生产中，人们从不同的角度、根据不同的标准将这些品种分为不同的类型。例如，我国地方猪种主要是按自然农业区域分类，即分为华北型、华南型、华中型、江海型、西南型和高原型六大类型。依据品种成熟的早晚，可分为早熟、中熟和晚熟品种。而在生产实践中，往往依据其相应的外形特点和胴体中肉脂含量的比例，将其分为瘦肉型、脂肪型和兼用型。依照品种的培育程度分为原始品种、过渡品种和培育品种。按照猪种的来源和培育方式，又可分为地方猪种、国外引入猪种和新培育猪种。

第二节 中国地方猪种

一、中国地方猪种类型

我国地域辽阔，地形复杂，气候各异，各地区农业生产条件和农业耕作制度差异悬殊，社会经济条件和人们对肉脂需求及加工方法各异，决定了选育条件和要求不尽一致，从而形成了我国不同地区的各具特色的众多地方猪种。按其外貌体型、生产性能、当地农业生产情况、自然条件和移民等社会因素，可以将我国地方猪种大致划分为华北型、华南型、华中型、江海型、西南型和高原型等六大类型。

(一)华北型 华北型猪种分布最广，主要在淮河、秦岭以北，包括东北、华北、内蒙古、新疆、甘肃、宁夏以及陕西、湖北、安徽、江苏四省的北部地区和青海省的西宁市、四川省广元市附近的小部分地区。

华北型猪分布区域内的气候较寒冷、干燥，属大陆性气候；作物以旱谷杂粮为主，饲料青少粗多；饲养较粗放，多采取舍饲与放牧相结合的方式；肥育猪多采用“吊架子”方式饲养。在上述条件下就形成了具有相应特征与特性的这一类型猪种。

华北型猪毛色多为黑色，偶尔在末端出现白斑。体驱较大，四肢粗壮，背腰狭窄，大腿不够充实。头较平直，嘴较长，耳大下垂，额间多纵形皱纹。皮厚、多皱褶，鬃毛发达，冬季密生绒毛，抗寒力强。窝产仔数一般在12头以上，母性强，仔猪育成率较高。耐粗放饲养，适应性强。代表性品种有民猪、八眉猪等。

（二）华南型 华南型猪种分布在云南省的西南部和南部边缘，广西和广东偏南的大部分地区，以及福建的东南角和台湾省各地。

由于该类型猪种分布地域位于亚热带，雨量充沛，农作物一年三熟，四季长青，青饲料丰富，在舍饲条件下，饲喂大量青饲料和米糠等富含碳水化合物精料，加之当地居民喜食肥嫩的乳猪，在上述因素影响下，经长期选育形成了华南型的猪种。

华南型猪毛色多为黑白花，头、臀部多为黑色，腹毛多为白色。体躯偏小，体型丰满，背腰宽阔，腹大下垂，皮薄毛稀，耳小直立或向两侧平伸。性成熟早，乳头多为5～7对，窝产仔数较少，每胎6～8头。早期生长发育快，早熟易肥，肉质细嫩。如两广小花猪、滇南小耳猪、香猪等。

（三）华中型 华中型猪主要分布于长江南岸到北回归线之间的大巴山和武陵山以东的地区，大致与自然区域中的华中区相符合。该地区属亚热带，气候温暖，雨量充沛，自然条件较好。粮食作物以水稻为主，精饲料中富含蛋白质的饲料较多，青绿多汁饲料丰富，有利于猪的生长发育。

华中型猪的体躯较华南型猪大，体型则与华南型相似。毛色以黑白花为主，头尾多为黑色，体躯中部有大小不等的黑斑，个别则为全黑。华中型猪骨骼较细，背腰较宽且多下凹，四肢较短，腹大下垂。乳头6～7对，每窝产仔10～13头。生长较快，成熟较早，肉质细嫩。如金华猪、大花白猪、华中两头乌猪等。

（四）江海型 江海型猪种主要分布于汉水和长江中下游沿岸及东南沿海地区。这一区域就自然条件来说，是一个过渡地带，但气候温和，雨量充沛，土壤肥沃，属于稻麦三熟地区，且青绿多汁饲料比较丰富。除个别地区有放牧外，绝大多数均为舍饲管理，饲喂方法较细致。

江海型猪种的外形和生产性能因类别不同而差异较大，体格大小不一，外形特征介于华南型与华北型之间。毛色自北向南由全黑逐渐向黑白花过渡，个别猪种甚至呈全白色。头中等大，额较宽，皱纹深多呈菱形，耳大下垂，背腰较宽，腹部较大，骨骼粗壮，皮厚而松，多皱褶。繁殖力强，乳头 8 对或更多，经产母猪窝产仔多在 13 头以上，以繁殖力高而著称。脂肪多，瘦肉少。如太湖猪、江曲海猪、虹桥猪等。

（五）西南型 西南型猪种主要分布在四川盆地和云贵高原的大部分地区，以及湘鄂西部。由于西南地区的气候条件相似，饲料条件基本一致，因而大部分猪种体质外形与生产性能也基本相似。

西南型猪的特点为头大，腿较粗短，额部多有旋毛或纵行皱纹，毛以全黑和“六白”（包括不完全“六白”）较多，但也有白色、黑白花和红毛猪。繁殖力中等，窝产仔数一般为 8～10 头，乳头 5～6 对。肥育能力强，屠宰率低，脂肪多。如内江猪、荣昌猪、乌金猪等。

（六）高原型 高原型猪主要分布于青藏高原。该地区地势高，气候高寒干旱，植被稀疏，地广人稀，耕作粗放，饲料来源少，终年靠放牧采食蕨麻等野生饲料为主。由于自然条件和社会经济条件特殊，因而高原型猪与国内其他地区的猪种存在很大差别。

高原型猪个体很小，形似野猪。头狭长，嘴筒直尖，犬齿发达，耳小直立，体型紧凑，四肢强健，善于奔跑。背窄而微弓，腹紧，臀倾斜。被毛多为纯黑色，少数为黑白花和红毛。由于高原气压低，空气稀薄，故心肺较发达。为适应高原干燥寒冷且温差大的气候，皮相对较厚，被毛浓密粗长，并着生绒毛，鬃毛发达，富有弹性。鬃毛长达 12～18 厘米，一头猪年产鬃毛达 0.25 千克。高原猪属小型晚熟猪种，体躯较小，耐粗饲，放牧性能很强。繁殖力低，每窝产仔 5～6 头，生长慢，胴体瘦肉多，肉质鲜美，呈大理石状。以青藏高原的藏猪为典型代表。

二、中国地方猪种的特点

我国地方猪种具有许多独特的种质特性，主要表现在以下几个方面。

(一)繁殖力强 我国地方猪种繁殖性能强，突出表现为母猪的初情期和性成熟早，排卵数和产仔数多，乳头数多，泌乳力强，母性好，发情明显，利用年限长。我国地方猪种除华南型和高原型的部分品种外，普遍具有很高的产仔数，如民猪，每窝平均产仔 13.5 头，太湖猪平均窝产仔高达 15.8 头，为国外猪种所不及。中国猪的繁殖力强也在公猪上得到表现，主要是公猪的睾丸发育较快，初情期、性成熟期和配种日龄均较早。

(二)肉质优良 我国地方猪种素以肉质鲜美著称。根据 10 个地方猪种肌肉品质的研究表明，中国猪肌肉颜色鲜红(没有肉色灰白、质地松软和渗水的劣质肉，即所谓的 PSE 肉)，保水力强，肌肉大理石纹适中，肌纤维细，肌肉内脂肪含量高。由于具有上述特点，在口感上具有细嫩多汁和肉香味美的感觉，加之肉色鲜红，地方猪种的肉质显得色、香、味俱佳，这是国外猪种无法与之相比的。

(三)抗逆性强　抗逆性是指肌体对不良环境的调节适应能力。中国地方猪种具有较强的抗逆性，主要表现在抗寒、耐热、耐粗饲、对饥饿的耐受力、高海拔适应能力和抗病力强等方面。如东北民猪能耐受冬季－20～－30℃的寒冷气候，在－15℃条件下还能产仔和哺乳。高原型猪，生活环境极其恶劣，气候寒冷、空气干燥、气压低、昼夜温差大，在3 000米以上高海拔地区，仍可放牧采食。在高温条件下，我国地方猪种表现出良好的耐热能力，没有发现像长白猪等国外猪种中暑死亡的现象。这种抗逆性是一种非常独特的遗传性能，是几千年来中国劳动人民根据地方猪种所处的生态环境及社会经济条件，在猪种选育方面的独创和贡献。

(四)生长缓慢、饲料转化率低　我国地方猪种的另一个特点是生长速度较慢，肥育期平均日增重大多在300～600克，大大低于国外猪种。饲料利用率低，即使在全价饲料条件下，该指标同样低于国外培育品种。

(五)贮脂力强、瘦肉率低　由于长期以来我国劳动人民习惯于采用阶段肥育法，在肥育前期往往营养水平较低，后期则不断提高，腹腔内脂肪沉积能力极强，形成了中国猪种易肥、胴体瘦肉率低的特性。这是导致饲料转化率低的原因之一。

中国猪种的上述特点是在几千年的长期选育和自然环境条件下形成的，虽有繁殖力高、抗逆性强和肉质优良等优点，但同时也存在生长慢、体成熟早、脂肪多和皮厚等缺点，显然已不能适应现代化商品猪生产的需要。因此，对地方猪种要扬长避短，合理开发利用。目前，养猪工作者的任务之一是采取有效措施，妥善保存现有猪种资源的基因库；二是开发利用，防止遗传资源灭绝，以发挥其在养猪生产中的独特作用。

三、中国地方猪种简介

我国有 21 个优良地方猪种（系）被农业部确定为国家级畜禽品种资源保护品种，现择其中 8 个品种简介如下。

（一）民猪 原产于东北地区。民猪有大（大民猪）、中（二民猪）和小（荷包猪）3 个类型，其中，群众以饲养中型为主。民猪全身黑色，体质健壮，头中等大，面直长，耳大下垂，背腰平直，四肢粗壮结实，后躯斜窄，猪鬃良好，冬季密生绒毛。成年公猪体重约 200 千克，成年母猪体重 148 千克。母猪产仔数多，头胎平均窝产仔 11 头左右，四胎以上窝均产仔数 13.5 头。民猪具有抗寒力强、体质强健、产仔数多、脂肪沉积能力强和肉质好的特点，适宜放牧和较粗放的管理，与其他品种猪进行二品种和三品种杂交，杂种后代在繁殖和肥育性能等方面均表现出显著的杂种优势。以民猪为基础，分别与约克夏、巴克夏、苏白、克来洛夫和长白猪杂交，培育成了哈白猪、新金猪、三江白猪等。

（二）太湖猪 太湖猪主要分布于长江下游太湖流域的沿江沿海地区，包括江苏江阴、无锡、常熟、武进、丹阳等地的二花脸猪，上海松江、金川的枫泾猪，上海嘉兴、平湖地区的嘉兴黑猪，江苏吴县的横泾猪，江苏金坛、杨中等地的米猪和江苏启东、海门及上海崇明等地的沙头乌猪等。太湖猪头大额宽，面微凹，额部皱褶多且深；耳特大，软而下垂，形似大蒲扇。背腰宽而微凹，腹大下垂，大腿欠丰满，后躯皮肤有皱褶。全身被毛黑色或青灰色，毛稀疏，腹部多呈紫红色，也有鼻吻或尾尖白色的。梅山猪、枫泾猪和嘉兴黑猪的四肢末端为白色，俗称“四白脚”。乳头8～9对。太湖猪以繁殖力高而闻名于世，母猪头胎窝均产仔12.14头，三胎以上高达15.83头。该猪的这一突出特性已引起世界养猪业的高度重视，从20世纪70年代开始，法国、英国、匈牙利、日本、美国、朝鲜等国先后引入太湖猪与其本国猪种杂交，以期提高本国猪种的繁殖力。

（三）金华猪 金华猪产于浙江省金华市的义乌、东阳和金华等地。其被毛具有“两头乌”毛色的特征，即头颈和臀尾为黑色，体躯中部和四肢为白色；背凹，腹下垂，臀宽而斜。体型不大，成年公猪体重约140千克，成年母猪约110千克；乳头8对左右。经产母猪平均每胎产仔14.22头，母性好，仔猪成活率高。金华猪以肉质好，适宜腌制火腿和腊肉而著称。以此为原料制作的金华火腿是我国著名的传统香腊制品，为火腿中的上品。它皮色黄亮，肉红似火，香烈而清醇，咸淡适口，色、香、味、形俱佳，畅销于国内外。

（四）内江猪 内江猪产于四川省内江地区，主要分布于内江、资中、简阳等县（市）。该猪对外界刺激反应迟钝，对逆境有良好的适应性，在我国炎热的南方和寒冷的北方都能正常繁殖生长。体型较大，体质疏松，头大，嘴短，额面横纹深陷成沟，耳中等大、下垂，体躯宽深，背腰微凹，腹大，四肢较粗壮，皮厚，成年种猪体侧及后腿皮肤有深皱褶。被毛全黑，鬃毛粗长。成年公猪平均体重169.26千克，成年母猪154.8千克。3胎以上经产母猪窝均产仔10.6头。内江猪生长发育较快，性情温驯，耐粗饲，适应性强，肥育性能好。全国20多个省、自治区、直辖市大量引进内江猪进行杂交，杂种优势显著。但内江猪还存在皮厚等缺点。

（五）荣昌猪 荣昌猪产于重庆的荣昌县和四川省的隆昌

县等地区。该猪全身被毛白色，是我国惟一的白色地方猪种，仅两眼周围和头部有大小不等的黑斑，故有“眼镜猪”之称。体型较大，头大小适中，面部微凹，腹大而深，臀部稍倾斜，鬃毛洁白粗长，乳头6～7对。成年公猪体重约150千克，成年母猪约140千克。经产母猪平均窝产仔数12头左右。荣昌猪具有适应性强、早熟、耐粗饲、肉质细嫩、鬃毛品质优良、杂交配合力好等特点，是我国著名的优良地方品种之一。

(六)两广小花猪 两广小花猪分布于广东、广西相邻的浔江和西江流域南部。中心产区为陆川、玉林、合浦、高州、化州、郁南等地，是由陆川猪、福绵猪、公馆猪和两广小耳花猪合并而成，统称为两广小花猪。该猪的特点是体型较小，其头短、耳短、身短、脚短、尾短，故有“五短猪”之称。额较宽，多有菱形皱褶，耳小向外平伸。背腰凹，腹大下垂。毛色为黑白花，除头、耳、背、腰、臀为黑色外，其余均为白色，黑白交界处有4～5厘米的黑皮白毛灰色带。成年公猪体重约130千克，成年母猪体重约100千克。乳头6～7对。经产母猪平均产仔12.5头。两广小花猪具有皮薄、肉质嫩美的优点，但生长速度较慢，饲料利用率较低，体型也比较小。

(七)八眉猪 八眉猪又称泾川猪或西猪。原产于陕西省泾河流域、甘肃陇东和宁夏的固原地区。主要分布于陕西、甘肃、宁夏和青海等省、自治区。八眉猪体型中等大。被毛黑色，头较狭长，耳大下垂，额有横行“八”字皱纹，故名八眉猪。根据体型外貌可分为大八眉、二八眉和小伙猪3个类型。其繁殖性能中等偏上，在较好的饲养条件下，经产母猪平均窝产仔12.65头左右。八眉猪具有适应性强，抗逆性好，肉质优良，耐粗放饲养管理，遗传性稳定等特点。

(八)香猪 香猪产于贵州省从江县和三都县以及广西壮

族自治区的环江县等地。因猪的体型小，耗料少，早熟易肥，肉质香嫩，乳猪宰食无奶腥味，故名香猪。香猪体躯矮小；头较直，耳较小、略向两侧平伸或稍下垂；身躯短，背腰宽、微凹，腹大下垂，后躯较丰满，四肢短细。被毛多全黑，但亦有“六白”或不完全“六白”的特征。成年公猪体重约37千克，成年母猪约40千克。实属珍贵的一个微型猪种。产仔数少，经产母猪产仔数一般为5～6头。但抗逆性强，对不良的生态和饲料条件有很强的适应能力。香猪的利用途径主要有二：一是作为实验动物。由于猪和人在生理解剖、营养代谢、生化指标等特征上有其相似性，尤其是心血管系统结构与人更为相似，所以是研究人类疾病防治的理想实验动物；二是用作烤乳猪的原料猪。由于微型猪体成熟较早，体脂沉积较早，故在幼小时即可食用，无奶腥味，加工成烤乳猪，外焦里嫩，别具风味，市场前景广阔。

第三节　中国培育猪种

从1949年中华人民共和国成立以来，我国广大养猪科技工作者，利用从国外引入的猪种与地方猪种杂交，全国共育成40多个猪的新品种或新品系，这些猪种，有的是利用原有血统不明的杂种猪群，加以整理选育而成的；有的是按照事先拟订的育种计划进行选育的。这些新品种(系)既保留了我国地方品种的优良特性，又有引入猪种生长快、耗料省、胴体瘦肉率高的特点。

与地方品种相比，我国培育猪种个体较大，体尺、体重增加，成年体重约为200千克，背腰宽平，大腿丰满，改变了地方品种凹背、腹下垂、后躯发育差、卧系等缺陷。繁殖力保持了地方品种的多产性，经产母猪窝产仔数 9～12 头，仔猪初生重接近引入品种，平均 1 千克以上。种猪生长发育快，6 月龄体重可达 80 千克左右。肥育期增重速度、屠宰率、胴体瘦肉率均较高，20～90 千克阶段平均日增重 600 克左右，90 千克屠宰胴体瘦肉率平均可达 53%。

同引入品种比较，我国培育的新品种猪发情明显，繁殖力高，抗逆性强，肉质好。能耐受青粗饲料，在低能量和低蛋白质情况下能获得相应的增重，较引入品种在同样条件下生长好很多。但我国培育猪种育成历史较短，在培育程度上，远不及引入品种，所以外形整齐度差，目前存在群体较小，遗传性不够稳定，体躯结构尚不理想，后躯发育不够丰满，且腹围较大等缺点。在生长速度、饲料转化率和胴体瘦肉率等方面与国外引进猪种相比还存在一定差距。

一、三江白猪

三江白猪主要产于黑龙江省东北部的黑龙江、乌苏里江和松花江三江平原，是以长白猪和东北民猪为亲本，进行杂交培育而成的我国第一个瘦肉型猪种。1983 年通过鉴定，正式命名为三江白猪。

三江白猪被毛全白，毛丛稍密，头轻嘴直，两耳下垂且稍前倾，背腰平直，腿臀丰满，中躯较长，腹围较小，四肢健壮，体质结实，乳头 7 对以上，排列整齐。具有瘦肉型猪的体躯特征。成年公猪体重 250～300 千克，母猪体重 200～250 千克。

三江白猪继承了民猪在繁殖性能方面的优点，性成熟早，发情明显，产仔数较多，经产母猪窝产仔数 11～13 头，初生重 1.2 千克以上，60 日龄窝重 160 千克左右。生长肥育猪 20～90 千克体重阶段，平均日增重 600 克以上，185 日龄体重可达

90 千克，每千克增重耗料 3.5 千克以下。活重 90 千克屠宰时，胴体瘦肉率 57.86%，背膘厚 3.44 厘米，腿臀比例 29.51%。

三江白猪具有生长快、产仔较多、瘦肉率高、耐寒冷气候等优良特性，是生产商品瘦肉型猪及开展杂交利用的优良亲本，可与哈白猪、苏白猪、大约克夏猪正反交，均表现出明显的杂种优势。以杜洛克猪为父本与三江白猪所生的杂种一代，日增重 630 克，每千克增重耗料 3.28 千克，瘦肉率在 60%以上，是生产商品瘦肉猪的优良组合之一。

二、湖北白猪

湖北白猪原产于湖北省武汉市，分布于湖北省汉江平原。是由大型约克夏猪、长白猪和本地通城猪、监利猪以及荣昌猪杂交培育而成的瘦肉型猪种，1986 年通过鉴定。

该猪体型外貌一致，被毛全白，头稍轻直，两耳前倾稍下垂，背腰平直，体躯较长，腿臀丰满，肢蹄结实，乳头 6 对以上。成年公猪体重 250～300 千克，母猪体重 200～250 千克。

在良好的饲养条件下，6 月龄体重可达 90 千克。20～90 千克体重阶段日增重 600～650 克，饲料利用率在 3.5 以下。90 千克体重屠宰率为 75%，胴体瘦肉率 55%～62%。其繁殖性能较高，初产母猪平均窝产仔数为 9.5～10.5 头，三胎以上经产母猪在 12 头以上。

湖北白猪生长发育快，瘦肉率高，肉质好，繁殖性能优良，且能耐受长江中游地区夏季高温、冬季湿冷的气候条件，是开展杂交利用的优良母本品种。以杜洛克、汉普夏、丹系长白猪为父本，与其二元杂交试验表明，以“杜×湖”杂交组合的肉猪生产性能最好，具有增重快、单位增重耗料少、肉质好等优点。

三、苏太猪

苏太猪是江苏省1999年育成的瘦肉型新品种，主产于江苏省苏州市。该猪是由太湖猪和杜洛克猪杂交选育而成。苏太猪全身被毛黑色。耳中等大小、向前方下垂，头面有清晰皱纹，嘴中等长而直；背腰平直，腹小，后躯丰满，四肢结实；乳头7～8对，分布均匀。

该品种继承了亲本太湖猪繁殖力高的特性，初产母猪每胎平均产仔11.68头，经产母猪平均高达14.45头，母性好，乳头数多，泌乳力强，且发情明显。生长发育较快，肥育猪172日龄体重达85千克，平均日增重640克，饲料转化率3.18，胴体瘦肉率56%左右。肉质优良，肉色鲜红，细嫩多汁，口味鲜美。具有地方品种耐粗饲性能，食谱广，耐粗纤维能力强，经试验，用20%和16%粗纤维水平的日粮饲喂妊娠期母猪和哺乳期母猪，仍能获得理想的产仔和哺育效果。

苏太猪保持了亲本太湖猪繁殖力高、肉质优良、耐粗饲的优点，同时在生长肥育性状和胴体性状方面，较太湖猪有较大的改良和提高，与大白猪和长白猪的杂交效果明显，是目前生产瘦肉型商品猪的优良母本之一。

四、上海白猪

上海白猪育成于1979年，中心产区位于上海市近郊的上海县和宝山县。主要是由约克夏猪、苏联大白猪与太湖猪杂交培育而成。属于肉脂兼用型。具有生长较快，产仔较多，适应性强和瘦肉率较高等特点。

上海白猪全身被毛白色，体质结实，体型中等偏大，头面平或微凹，两耳中等大略向前倾，体躯较长，背平直，四肢强健，乳头数多为7对。成年公猪体重225～250千克，成年母猪体重170～190千克。

生长肥育猪在体重20～90千克阶段，日增重615克左右，每千克增重消耗配合饲料3.62千克。体重90千克屠宰，屠宰率70%，胴体瘦肉率平均52%。初产母猪每窝产仔8～11头，经产母猪每窝产仔11～13头。

上海白猪是生产商品瘦肉猪的优良杂交亲本，用杜洛克公猪、或大约克夏公猪与上海白母猪杂交，杂种一代在20～90千克体重阶段，日增重为700～750克，每千克增重消耗配合饲料3.1～3.5千克。90千克体重屠宰，胴体瘦肉率在60%以上。

五、哈尔滨白猪

哈尔滨白猪简称哈白猪，系用苏联大白猪与当地白色杂种猪群杂交培育而成，产于黑龙江省南部和中部地区，以哈尔滨市及其周围各县饲养最多，并广泛分布于滨洲、滨绥、滨北和牡佳等铁路沿线。其特点是抗寒能力强，耐粗饲，肥育期生长快，耗料少，母猪产仔较多且哺育性能好等特点。

哈白猪体型较大，全身被毛白色。头中等大小，两耳直立，面微凹，背腰平直，腹稍大不下垂，腿臀丰满，四肢健壮，体质结实。成年公猪体重220千克左右，成年母猪体重180千克左右。

初产母猪平均每胎产仔9头以上，经产母猪平均每胎产仔11.3头。生长肥育猪在中等饲养条件下，6～7月龄体重可达90～100千克，日增重587克，每千克增重消耗混合精料3.7千克，适宜屠宰体重为100千克，屠宰率73%以上，胴体瘦肉率49%。

哈白猪与民猪、三江白猪和东北花猪(黑花系)进行正反杂交,所得一代杂种猪在肥育期日增重和饲料利用率上均呈现较强的杂种优势,日增重优势率为4.5%～17.2%。

第四节　国外引入猪种

我国自19世纪末期开始,引入国外猪种有10多个,其中对我国猪种改良影响较大的有巴克夏猪、约克夏猪、苏联大白猪、克米洛夫猪、长白猪等。20世纪80年代起,又相继引进了相当数量的杜洛克猪、汉普夏猪和皮特兰猪。这些猪种有的在我国长期进行纯种繁育与驯化,在外形和生产性能上发生了一定的变化,已成为我国猪种资源的一部分。随着养猪生产的发展和市场需求的变化,有些引进猪种逐步被淘汰(如巴克夏猪);与此同时,一些国际著名的专门化品系及配套系又相继引进我国(如迪卡猪等)。目前,对我国养猪生产影响较大的引入猪种主要有:约克夏猪、长白猪、杜洛克猪、汉普夏猪和皮特兰猪等。

引入猪种同我国地方猪种相比,具有以下5个共同特点:其一,生长速度快。成年猪体格大,生长肥育猪日增重和饲料转化率高,在正常饲养条件下,20～90千克肥育期平均日增重为650～750克,高者可达800克以上,每千克增重耗料2.5～3千克。其二,屠宰率和胴体瘦肉率高。引入瘦肉型猪种的又一优点是屠宰率高,背膘薄,眼肌面积大,胴体瘦肉率高。90千克体重屠宰率高达70%以上;胴体瘦肉率可达60%以上。其三,肉质较差。引入猪种的肉质不及我国地方猪种是一个共性的问题,表现为肌纤维较粗,肌肉脂肪含量较少,口感、嫩度、风味不及中国地方猪种,尤其是皮特兰猪的灰白多水等劣质肉发生率较高。其四，产仔数较小。母猪一般发情不明显，配种难，产仔数较少。长白猪和大白猪平均窝产仔数 11～12.5 头，杜洛克、皮特兰和汉普夏一般不足 10 头。其五，对饲养管理要求较高。抗逆性较差，要求营养水平高，消耗精料量较多。在较低的饲养水平下，生长发育缓慢。在比较粗放的饲养管理条件下，其生产性能反而还不及中国地方猪种。

一、约克夏猪

约克夏猪产于英国北部的约克郡及其临近地区。是以当地的猪种为母本，引入我国广东猪种和莱塞斯特猪杂交育成，1852 年正式确定为新品种，称为约克夏猪。该品种有大、中、小 3 个类型，目前在全世界分布最广的是大约克夏猪，因体型大，毛色全白，故又名大白猪，是世界著名瘦肉型猪种。

大约克夏猪体格大，体型匀称，毛色全白，少数额角皮上有小暗斑，颜面微凹，耳大直立，背腰多微弓，四肢较高。引入我国后，体型无明显变化，但在饲养水平较低的地区，其体型变小或腹围增大。平均乳头数为 7 对。

该猪具有生长发育快，饲料利用率高，繁殖性能较高，肉质好的特点。据湖北省农业科学院测定，自仔猪断奶至 90 千克体重阶段，平均日增重 689 克，每千克增重耗料 3.09 千克。胴体瘦肉率 61%。成年公猪体重约 263 千克，母猪体重约 224 千克。同其他国外引入品种比较，大约克夏的繁殖性能较高，经产母猪平均窝产仔 12.15 头，产活仔 10 头。

早在 1936 年原中央大学就开始引进该猪进行观察比较，以后相继引入，特别是在 20 世纪 60 年代以来，曾较大数量的引进，经长期的驯化，该猪已基本适应我国的条件。用其作为父本，与我国地方猪种杂交，均获得较好的杂交效果，杂种一代不仅生长速度明显提高，且胴体品质也有所改进：眼肌面积增大、瘦肉率提高。在我国猪杂交繁育体系中多用作父本，在引入品种三元杂交中用作母本或第一父本。

二、长白猪

长白猪原产于丹麦，原名兰德瑞斯猪，由于体型特长，毛色全白，故在我国通称为长白猪。长白猪是用大约克夏猪与丹麦土种猪杂交后经长期选育而成，是目前世界上分布最广的著名瘦肉型品种之一。

长白猪外貌清秀，体躯呈流线型。被毛纯白且浓密柔软。头狭长，颜面直，耳大向前下平行直伸，颈部和肩部较轻，背腰特长，腹线平直而不松弛，臀宽，大腿丰满充实，蹄质结实。乳头7～8对。

长白猪生长速度和繁殖性能均较好。成年公猪体重246千克，成年母猪体重218千克。据湖北省农业科学院报道，23千克至96千克的生长肥育猪，平均日增重607克，饲料转化率2.95。据丹麦国家测定中心测定资料，30～100千克体重阶段，平均日增重可达960克，饲料转化率2.38，瘦肉率61%。据农场大群测定，公猪肥育期平均日增重880克，母猪840克，瘦肉率61.5%。该猪引入我国后，产仔数有了一定的提高，初产母猪平均窝产仔10.8头，经产母猪平均11.33头。

长白猪具有生长快，饲料利用率高，胴体瘦肉率高，繁殖性能较好等优点。与我国地方猪杂交效果显著，因而在提高我国商品猪瘦肉率方面，是一个值得重视和利用的父本品种。但也存在体质较弱、抗逆性较差和对饲养条件要求较高的缺点。

三、杜洛克猪

杜洛克猪原产美国东北部的新泽西州等地。育成后被世界各地引进繁殖饲养，分布较广。第一次引入杜洛克猪是在1972年美国前总统尼克松访华时，送给我国纯种杜洛克猪1对，饲养在河南省息县外贸饲养场。此后相继从美国、日本、匈牙利和加拿大等国引进杜洛克猪，在我国各地均有饲养。

杜洛克猪全身被毛为棕红色，而且有深有浅，皮肤上可能出现黑色斑点，但不允许身上有黑毛或白毛。体型大，耳中等大小，略向前倾，耳尖稍下垂。嘴较长直，颜面微凹。胸宽而深，背腰平直或稍弓。全身肌肉丰满，后躯肌肉特别发达，四肢和骨骼粗壮结实。

杜洛克猪生长发育快，饲料转化率高，据广三保养猪公司测定，肥育期平均日增重达700克以上，达到90千克的日龄为175～178天，饲料转化率为2.84～3.2。又据北京市杜洛克原种猪场测定，达到90千克活重的日龄为151.8天，平均日增重799克，饲料转化率为2.54，90千克体重屠宰胴体瘦肉率65.81%。成年公猪体重340～355千克，成年母猪280～300千克。该猪的繁殖性能偏低，初产母猪窝产仔数8头左右，经产母猪窝产仔数10头左右。

杜洛克猪能较好地适应我国的条件，用其作为父本与我国地方品种猪杂交后代，生长速度、饲料转化率及瘦肉率较地方猪种均有明显提高。该猪具有增重快、饲料转化率高和抗逆性强的优点，但同时又存在产仔数少，泌乳力稍差的缺点，所以在生产商品猪的杂交中，一般作为二元杂交的父本，在三元杂交中作为终端父本。

四、汉普夏猪

汉普夏猪原产于美国肯塔基州，是由薄皮猪和白肩猪杂交选育而成，为世界著名的瘦肉型品种，是美国第二位普及的猪种，而且广泛分布于世界各地。1978 年以来，我国从匈牙利、美国等陆续批量引进。

汉普夏猪体型大，头中等大，耳中等大小而直立，嘴较长而直。体躯较长，背宽略呈弓形，胸部宽而深，后躯肌肉发达，四肢粗壮，体质强健。其外貌上的最大特点是具有特殊的毛色特征，即在肩和前腿为白色，前躯形成一白带环，在白色和黑色边缘，由黑皮白毛形成一灰色带，其余均为黑色，故有"银带猪"之称。成年公猪体重 315～410 千克，成年母猪 250～340 千克。

汉普夏猪母性强，仔猪成活率较高，初产母猪窝产仔数 7～8 头，经产母猪产仔数 8～9 头。在良好的饲养条件下，6 月龄可达 90 千克，日增重 600～700 克，每千克增重耗料 3 千克左右。体重 90 千克屠宰，屠宰率 71%～75%，胴体瘦肉率 60%以上，背膘比其他瘦肉型猪种都薄，肉质良好，尤以肉色而著称。

汉普夏猪由于具有生长发育快，背膘薄，眼肌面积大，胴体瘦肉率高，肉质好，适应性较强等特点，用其作为父本，与地方品种猪作为母本而杂交，能显著提高商品猪的瘦肉率。大量实验证明，在三元杂交中，汉普夏猪作为第二父本，亦获得很好效果。

五、皮特兰猪

皮特兰猪原产于比利时布拉帮特地区，系用本地猪与法国的贝叶猪杂交，后又导入英国泰姆沃斯猪血绿选育而成的一个瘦肉型猪种。1955 年才被欧洲各国所公认，近些年来在世界各地流行。

皮特兰猪被毛灰白，夹有形状各异的黑色斑块，有的还带有部分红毛。体型中等，体躯呈方形，体宽而短，头部清秀，耳中等大小，微向前倾，四肢短而骨骼细，肩部和臀部肌肉特别发达。

皮特兰猪平均窝产仔数 9.7 头。生长速度和饲料转化率一般，特别是 90 千克以后生长速度显著减慢。该猪的突出特点是背膘薄，胴体瘦肉率高，如活重 90 千克屠宰时，瘦肉率高达 66.9%，但肌纤维较粗，肉质欠佳，特别是易发生应激综合征而产生灰白肉。

皮特兰猪是目前瘦肉率最高的猪种，主要用其作为父本品种，进行二元或三元杂交，来提高商品猪的瘦肉率。但由于该品种猪应激综合征发生率高，国内一些猪场通常是用它与杜洛克猪或汉普夏猪杂交，杂交一代公猪作为终端父本，这样既可提高瘦肉率，又可防止灰白劣质肉的出现。

第二章　种猪的选育

第一节　种猪重要经济性状与测定

猪的性状分为质量性状和数量性状两大类。质量性状主要指毛色、耳型、遗传缺陷、血型等，这些性状的表现受环境影响较小。数量性状是可以用度量来表示的性状，如繁殖性状、肥育性状、胴体性状和肉质性状等，这类性状与养猪的经济效益密切相关。因此，数量性状大多属于经济性状的范畴。

一、繁殖性状

（一）产仔数　产仔数有两种指标，即总产仔数（包括木乃伊和死胎在内）和产活仔数。产仔数的多少与母猪的年龄、胎次、营养状况、配种方法、配种时间、配种公猪品质等因素有关。初产母猪的产仔数少，3～4 胎产仔数较多，8～9 胎后开始下降。相同的品种而言，营养状况适中的母猪产仔多，而过肥或过瘦的母猪产仔少。配种时间适宜，配种方法得当，与配公猪体况好的母猪产仔多。

（二）初生重和初生窝重　初生重指仔猪出生后 12 小时以内称取的重量。初生窝重指同窝仔猪初生重的总和（不包括死胎在内）。影响初生重的因素很多，如品种、饲养管理水平、母猪体况、年龄、胎次以及仔猪本身的性别和同窝仔猪数等。

（三）泌乳力　母猪的泌乳力用 20 日龄时全窝仔猪的重

量来表示。其中包括寄养的仔猪,但不包括寄养出去的仔猪。

(四)断奶窝重　断奶时全窝仔猪的总重量。

二、肥育性状

猪的肥育性状主要通过生长速度、饲料利用率来反映。

(一)生长速度　是在一定时间内生长肥育猪平均每天增加的体重,即平均日增重。平均日增重越高,肥育猪的生长越快,达到预定出栏的时间越短,经济效益也越高。计算方法是用某一段时间内的总增重除以饲养天数,如我国当前通常从仔猪断奶后体重达 20 千克时开始,上市体重达 90 千克或 100 千克时结束,计算整个测定期间(肥育期)的平均日增重。计算公式如下:

$$平均日增重=\frac{结束体重-开始体重}{饲养天数}$$

(二)饲料利用率　饲料利用率,即通常所说的料肉比。它是指某一阶段时间内,肥育猪每增重 1 千克所消耗的饲料数量。

$$饲料利用率=\frac{测定期间饲料消耗总量}{结束体重-开始体重}$$

计算该项指标时,应注意的是饲料消耗总量的概念目前很不统一。如国外多指混合料(包括干草粉和其他粗饲料)。国内有的只算混合精料,不包括青、粗饲料;有的用消化能来表示。在计算时必须明确。

在进行肉猪生产成本核算时,只需把某一时期所消耗的饲料量乘以当时的饲料单价,再除以同一时期增加的体重,就可以知道每生产 1 千克活重需要多少饲料成本。在养猪生产中,肥育猪的饲料成本占生产总成本的 70%～80%。因此,在其他投入基本相同的情况下，认真配制一个既经济、猪的生长速度又快的饲料配方，对降低肥育猪的生产成本是至关重要的。

三、胴体性状

胴体品质，包括胴体性状(屠宰率、胴体长、皮厚、膘厚、后腿比例、眼肌面积等)、胴体分离指标(瘦肉率、脂肪率、皮重率、骨重率)及产肉性能，这些指标可以反映猪种的用途、类型、品种及产肉率等，有助于猪种的选育、经营管理以及提高猪肉的品质。

(一)胴体重 猪屠宰后经放血、脱毛、去除头、蹄、尾及内脏(保留板油和肾脏)所得的重量。

(二)背膘厚 胴体劈半，分别测量左半胴体肩部最厚处、胸腰结合处和腰荐结合处三点膘厚的平均值作为平均背膘厚。

(三)瘦肉率 将剥去板油和肾脏的左片胴体剖分为瘦肉、脂肪及皮和骨4部分并分别称重，然后计算瘦肉占4种组织合计量的百分数即为胴体瘦肉率。计算方法为：

瘦肉率(%)＝瘦肉重量/(骨骼重＋皮重＋脂肪重＋瘦肉重)×100%

(四)脂肪颜色和硬度 脂肪颜色采用目测评定，取左半胴体第6～7肋骨与最后肋骨背最长肌上方脂肪200克，置于4℃冷藏条件下1小时，然后目测，纯白色而坚硬的脂肪为正常，略带黄色的品质稍差，黄及黄褐色为劣质脂肪。

根据脂肪硬度，可将脂肪分为硬脂、软脂和油状脂肪3种。脂肪的硬度决定于其不饱和脂肪酸的含量，不饱和脂肪酸含量越高，脂肪的硬度越差，易发生氧化降低风味。肥育猪脂肪的硬度与饲料和猪的品种等因素有关，主要受饲料的影响。

（五）皮厚 分别测量左半胴体腰荐结合处、胸腰结合处、肩部背膘最厚处的皮厚，取平均值即为皮厚。通常采用螺旋测微器测定皮厚。

（六）眼肌面积 指热胴体（左半）的倒数第一和第二胸椎间背最长肌的横断面面积。将硫酸纸紧贴横断面，用铅笔仔细描出轮廓，再用求积仪测算，也可用宽×高×0.7 估算。

四、肉质性状

随着胴体瘦肉率的增加而猪肉品质劣变的现象已引起广大专家、学者、养猪生产者和消费者的重视。许多国家已将肉质性状纳入猪的综合育种值范畴之内。肉质的优劣通常是通过一系列肉质指标来判定，常见的有肉色、大理石纹、系水力、酸度、嫩度、熟肉率、肌纤维细度和肌内脂肪含量等指标。其目的是为了通过育种、饲养管理或改善屠宰、贮存及加工条件来提高肉的品质。

（一）肉色 肌肉颜色，简称肉色，是由肌肉中的色素、肌红蛋白和血红蛋白决定的。肉色是肌肉的生理学、生物化学和微生物学变化的外部体现，是肌肉重要的感官和食用品质之一。肌红蛋白主要有 3 种状态：其一，紫色的还原型肌红蛋白（Mb）；其二，红色的氧合肌红蛋白（MbO_2）；其三，褐色的高铁血红蛋白（Met-Mb）。当鲜肉接触空气后 45 分钟，形成氧合肌红蛋白，肉色鲜红。与此同时，肌红蛋白的氧化作用也在进行，合成高铁血红蛋白，伴随高铁血红蛋白逐渐增多，肉色开始变褐。

目前肉色的评定方法主要有 2 类：主观评定和客观评定。

主观评定是依据标准的图板进行，而客观评定则是利用仪器设备进行测定。

1. **取样部位** 胸、腰椎连接部背最长肌中段新鲜横切面，即眼肌中段。

2. **前处理** 猪被宰杀后45分钟内的鲜肉样和4℃冷藏24小时肉样。

3. **评定方法** 主观评定（采用比色法评定）和客观评定（色度仪测定）。

（1）比色板评定 仪器选择美制NPPC比色板（1991版）。于白天室内正常光照条件下，不允许阳光直射测定肉样，也不允许在黑暗处评定。按5级分制肉色标准评分图目测评分。1分为灰白色（PSE肉色），2分为轻度灰白色（倾向PSE肉色），3分为亮红色（正常肉色），4分为稍深红色（正常肉色），5分为暗紫色（DFD肉色）。3分和4分为理想肉色，1分和5分为异常肉色。2分为倾向异常肉色，两分间设0.5分值。

（2）色度仪测定 仪器选择色度仪（Minolta Chroma Meter Ⅱ，日本）。先将色度仪用校正板标准化，然后将镜头垂直置于肉面上，镜口紧扣肉面，按下摄像按扭，色度参数即自动贮存。每次测量时，每个肉面按每15平方厘米重复4次，不断改变位置重复度量，最后取平均数。肉色用亮度（L值）、红度（a值）、黄度（b值）表示。

（二）大理石纹 大理石纹是小肌束间脂肪组织分布形成的纹理。大理石纹主要受猪肥瘦的影响。它的含量和分布状况直接关系到肉的多汁性、嫩度和滋味，而且提供咀嚼时的润滑感受。大理石纹越丰富，肉相对越嫩。

大理石纹的测定方法主要采用目测对照比色法评分，也可采用甲醇脱水后用三氯甲烷脱脂测定。目测对照比色法采用美制 NPPC 比色板(1991 版),与肉色评分同步进行,测定条件参照肉色测定条件,对照比色板给肉样评分。1 分为脂肪痕量；2 分为脂肪微量；3 分为脂肪中量；4 分为脂肪多量；5 分为脂肪过量。

(三)系水力 系水力是当肌肉受到外力作用时(如加压、切碎、加热、冷冻等)保持原有水分的能力,它直接影响肉的风味、质地、营养成分、多汁性等食用营养品质。猪屠宰前、屠宰过程中、屠宰后的一系列因素都影响肉的系水力,最主要的影响因子有乳酸含量、肌肉能量水平(ATP 的损失)、尸僵开始时间等。此外,不同品种、不同年龄、不同部位肌肉,其系水力也不同。

1. 测定方法 加压称重法。

2. 测定时间 猪屠宰后 45 分钟内,室温下测定。

3. 测定部位 取 1～2 腰椎处的背最长肌,切成 1 厘米厚的薄片,再用直径 2.52 厘米圆形取样器取样称重。

4. 测定方法 将肉样夹在两层纱布中间,上下各垫 18 层定性滤纸,置于土壤允许膨胀压缩仪平台上加压至 35 千克(仪表显示应为 138.8),保持 5 分钟。撤除压力后对肉样称重。

失水率(%)＝(压前肉样重－压后肉样重)/压前肉样重×100%

(四)酸度 猪被宰杀后肌肉中的肌糖原通过无氧代谢途径酵解生成乳酸,随肌肉中乳酸的积累肌肉 pH 下降。pH 下降的程度对肉色、系水力、可溶性蛋白浓度、货架期长短都有明显影响,因而是评定肉质的一项重要指标。

1. 取样部位 眼肌中段。

2. 仪器　数字显示 pH 计 DHS-2F。

3. 测定部位　直接在胴体倒数第三与第四胸椎处背最长肌上刺孔测定。

4. 测定时间　猪被宰杀后 45 分钟内，测定值记录为 pH_1；宰杀后 24 小时测定值，记录为 pH_{24}，或称最终 pH 值(pHu)。

5. 测定方法　按照 pH 计使用说明进行操作。电极直接插入肉样中，深度应大于 1 厘米，将电极头部完全包埋在肉样中。读取 pH_1 值(精确度到 0.01)。将肉样置于 0℃～4℃冰箱中保存 24 小时，测得 pH_{24}。

6. 判定　pH 正常值变动在 6～6.6，若 $pH_1<5.9$，同时伴有灰白肉色和大量渗出汁液，可判为 PSE 肉。对于个别应激敏感品种猪和德国兰德瑞斯猪等，pH_1 正常值的下限可定为 5.9。pH_{24} 的正常值为 5.5。因品种不同，变化范围 5.3～5.7。当 $pH_{24}>6$ 时和肌肉表面干燥，可判定为 DFD 肉。

(五)嫩度　肉的嫩度指肉在食用时口感的老嫩，反映肉的质地，主要由肌肉中结缔组织、肌原纤维和肌浆这 3 种蛋白质成分含量与化学结构及状态所决定，在一定程度上反映了肌肉中肌纤维、结缔组织以及肌内脂肪的含量、分布和化学状态，它是猪肉的主要食用品质之一，也是消费者评判猪肉质优劣最常用的指标。其影响因素有品种、遗传、年龄、营养状况等。

嫩度可以用嫩度仪测定剪切力，也可用其他仪器测定挤压力和扭矩力。直接有效的方法是由品尝专家品尝打分。测定剪切力的方法如下。

1. 取样部位　眼肌腰段。

2. 前处理　屠宰后 45 分钟内将肉样浸入 75℃～80℃水

浴，待肉样块中心温度达70℃时，将肉样取出冷却至室温测定。

3. 仪器　东北农业大学工程学院研制的C-LM3型数显肌肉嫩度测定仪、圆形钻孔肌肉取样器（直径1.27厘米）、冰箱、恒温水浴锅、温度计、塑料薄膜等。

4. 剪切力测定　将冷却至20℃肉样，按与肌纤维呈垂直方向切取宽度为1.5厘米的肉片，再用1.27厘米直径的圆形取样器顺肌纤维方向钻切肉样块，同源样本的重复度量次数为10次。按嫩度测定仪的使用说明书操作，记录10个肉块的剪切力值，计算算术平均数。单位用牛顿或千克表示。

5. 判定方法　正常肉平均剪切力值愈高表示肉愈老化，剪切力值愈低则肉愈嫩，但PSE肉有时剪切力值较低。不同肌肉部位和同一块肌肉的不同采样位置的剪切力值也不同。按品种、肌肉部位、多次测定值计算出正常肉的平均剪切力值作为判定标准。对猪肉，一般来说剪切力值大于4千克嫩度较差，难以被消费者所接受。

（六）熟肉率　取左侧胴体腰大肌，切取约500克（W_1）左右的肉块，称其实际的重量，并标上标号牌。先将肉样放入铝锅内，然后加入适量的冷水，放在2 000瓦的电炉上煮。水开时记录时间，煮45分钟，捞出后挂凉30分钟后称熟肉重（W_2）。计算公式为：

$$熟肉率=[(W_1-W_2)/W_1]\times 100\%$$

（七）肌纤维细度　肌纤维细度反映着肉的品质优劣，较细的肌纤维较嫩，适口性好。肌纤维的直径受品种、年龄、性别和部位的影响，生前肌肉的劳役负担和营养状况也影响着其粗细程度。在肉的生产中存在着瘦肉率越高，肌纤维直径越粗，提高瘦肉率与肉质间具有拮抗关系。

1. 取样部位　第三至第六腰椎处背最长肌。于宰后新鲜热胴体上按上述部位尽快切取1～5立方毫米肌肉样用10%中性甲醛固定24小时后用于测定直径。

2. 制片技术　将肉样在10%中性甲醛固定24小时后取出置于载玻片上，用滤纸吸去肉面甲醛后滴一滴甘油在肉样上，用小号针头在解剖镜下将肉样拨开，使样本呈游离纤维状铺成单层，立即用于镜检度量。

另一种分离肌纤维的方法是，肌肉样本取下后，浸泡于20%硝酸液中12小时，24小时以内测量。制片时取肌束小段，加滴甘油用针稍做搅动，即可分离成单根纤维。

3. 所用仪器　射管取样器、组织切片室常规用品、显微镜(带目测微尺)、计数器。

4. 测定直径　将备好的游离纤维片子置于高倍(8×40)镜下移动载玻片，用目测微尺随机量取100根肌纤维直径，求平均数。我国地方品种猪(75～90千克)肌纤维直径在44～57微米范围，引进瘦肉品种相应为54～72微米，最大个体有达90微米者。

5. 镜测　用普通生物光镜，配换具有100个刻段的8×或10×接目测微尺镜头，放大400倍左右进行直径的测定。

此外，还可采用组织切片方法测定肌纤维细度。用冰冻切片机横切新鲜肉样制片，苏木精、伊红染色；也可用石蜡组织块制片(速度慢)，再用显微镜或显微投影仪测定肌纤维横断面直径，因切面多呈不规则的多边形，必须测定每根纤维垂直横断面的3个以上不同角度的直径，以其平均值代表该根纤维的直径。测定数量100根。

(八)肌内脂肪含量　肌内脂肪主要以甘油酯、游离脂肪酸及游离甘油等形式存在于肌纤维、肌原纤维内或之间，其含量及分布因品种、年龄及肌群部位等因素而异。肌内脂肪是猪肉滋润多汁的物理因子，也是产生风味化合物的前体物质，是肉质测定中的重点项目之一。根据大理石纹评分可以大致估计出肌内脂肪含量档次，如大理石纹 1 分相当于肌内脂肪 2%，5 分相当于肌内脂肪 8%。但某些品种如长白、皮特兰、汉普夏等的肌内脂肪常低于 2%，而我国早熟的地方品种常高于 8%，此时则无法用大理石纹来推测肌内脂肪含量，而且现代肉质标准对肌内脂肪的定量概念要求精确到 0.01%。因此，度量手段也有严格要求。最经典的方法为索氏抽提法。索氏抽提法稳定可靠，但较费力费时费空间(防火通风设备)。

1. 取样部位　背最长肌中段(最后腰椎与第二腰椎间)。

2. 前处理　将宰后新鲜肉样剁成碎末，称取 10 克左右肉末置于 102℃烘箱中脱水至恒重(如果当日不能做，肉样应立即移入－15℃～－20℃冷冻室保存)。此程序可与干物质测定同步。

3. 仪器　圈套索氏萃取装置，通风橱，电子天平，烘箱。

4. 操作　将干燥肉样连同滤纸包放入萃取套管中，塞上脱脂棉，将套管填入索氏瓶中加入约 160 毫克石油醚(40℃～60℃)，启动通风，冷凝水和索氏加热器后将虹吸循环控制在每小时 10 次以上连续萃取 6 小时。测定过程中绝对不能停水停电。然后取下脂肪收集瓶置于干燥器中过夜，于次日将收集瓶置于 80℃真空干燥箱(13 千帕以下)中处理 1.5 小时，再将收集瓶取出称重。将带有脂肪的瓶重减去空瓶重就是样本肌内脂肪重。

$$\text{肌内脂肪}(\%)=\frac{\text{含有脂肪瓶重}-\text{空瓶重}}{\text{样本重}}\times 100\%$$

第二节 猪的选种

提高猪群生产性能的主要手段就是选种，其实质是通过改变猪群固有的遗传平衡，选择最佳基因型，最终提高猪群的生产性能。选种首先要按照一定的标准，从现有群体内选择出一批最佳个体，然后让这些个体再繁殖，获得一批超过原有群体水平的个体，如此逐代进行。选种不仅要看种猪本身性能的高低，同时还要考虑该种猪所在群体的生产性能，只有那些本身性能好而且所在猪群性能也高的个体，才能被认为是好的种猪。

一、选种的原则

(一)选种的原则 选种是繁育工作的第一步，只有选择优秀的种猪，才能保证繁殖计划的顺利进行和完成。选择种猪的原则要求如下。

1. 具有种猪应有的外形特征 要求头中等大小，额部稍宽，嘴鼻长短适中，上下腭唇吻合良好，耳大小适宜，颈部中等长度，无肥腮。前胸肌肉丰满，鬐甲平宽无凹陷，胸宽而深，前肢站立姿势端正，行走有力，肢蹄坚实，无卧系。背线微弓，肌肉丰满，腹线平直，腹壁无皱褶，乳头数 6 对以上，排列均匀，无缺陷乳头。臀部丰满，尾根较高，尾巴弯曲呈环状，无斜尻，大腿肌肉结实，肢蹄健壮有力。皮肤细腻，不显粗糙，皮毛光亮。公猪睾丸发育良好，左右对称，包皮无积尿；母猪要求阴户充盈，发育较好。

2. 种猪应有优秀的生产性能 生长快，产品品质好，生产成本低，对饲料利用和转化能力强，体质结实。

3. 繁殖力高　种猪应有明显的第二性征，生殖器官发育良好，能正常地繁殖大量的优秀后裔，便于扩大种群数量。

4. 早熟性好　种猪的性成熟和经济成熟早，可以降低生产成本，加速繁殖后裔和生产大量产品。

5. 健康、适应性强　种猪应有健康结实的身体，适应当地的环境条件、饲料和饲养管理条件，并具有耐粗饲性和抗病能力。

6. 遗传性稳定　种猪应有稳定的遗传性，能稳定地将其优良性状遗传给后代。

二、选种的方法

(一)系谱鉴定　又称系谱选择，是根据个体祖先生产性能的高低来判断种猪的优劣。这种方法资料来源早，一般用于在个体本身性状尚未表现出来时，作为选择的参考，多适用于中等遗传力性状(肥育性状、胴体性状、肉质性状)或低遗传力的性状(繁殖性状)。在个体的祖先中，父、母对个体的影响最大，在系谱测定中常常只利用父母的成绩；祖代以上祖先的成绩已经没有多大的参考价值，极少使用。系谱测定准确度不高，一般用于断奶时选择参考。

(二)个体选择　个体选择就是根据种猪本身性状的表型值高低来进行选择，以确定种猪是否选留。这种方法对中等以上遗传力的性状(如体型外貌、生长发育、生长速度和饲料利用率等)效果较好。方法简单、有效，易掌握，实用价值较高。

1. 体质外貌选择　体质即种猪的身体素质，它是猪体功能和结构协调的表现。外貌即种猪的外部形态，在一定程度上也可反映种猪的功能。通过对所选猪只体质外貌的观察，可以鉴别猪不同品种和个体间的差异、主要经济用途、健康状况和生长发育等。对种猪体质外貌的选择，在整体上要求具有本品种特征，符合该品种的经济类型，体质健壮结实。如长白猪应是被毛全白，头狭长，耳大向前倾，体长大于胸围，腹线平直，前窄后宽，大腿丰满，四肢高，等等。体质外貌选择，对公、母猪的要求各不相同。

(1)对公猪的要求　公猪对后代品质的影响很大。1 头公猪在本交的情况下 1 年可配 45～50 头母猪，产仔 400～500 头；采用人工授精，1 年可配母猪 600～1 000 头，产仔 6 000～10 000 头。可见选好一头种公猪的重要性。公猪要求头大额宽，嘴短宽、上下唇齐、口岔深，鼻孔大，眼明亮有神，耳根硬；胸宽深；背腰宽而平直，无凹陷，臀开阔，体躯深长，肌肉丰满，腹不过大；尾根粗，附着点高；皮薄毛稀，骨骼粗大，四肢强健有力，肢距开阔，蹄质坚实，表现雄壮。阴囊紧而有弹性，不下垂，左右两个睾丸大小相近且显露。

小公猪应是第二胎后产仔多的母猪所生。不挑食、会能快长、身体健壮、发育良好、体大，骨架好，结构匀称协调，性情活泼。成年公猪性欲旺盛，精液品质好，配种力强，所生后代数量多，质量好。

(2)对母猪的要求　要求与公猪基本相同。头中等大小，颈长短粗细适中，有清秀之感。腹大不拖地，臀部平直丰满，尾根附着点高。乳头排列均匀，有效乳头 7 对以上(国外品种不少于 6 对)，无瞎乳头、内翻乳头和小乳头，每个乳头上均可见泌乳孔。外生殖器正常，四肢强健开阔，蹄坚实。经产母猪产活仔数多，性情温顺，母性好，护仔性强，断奶窝重大，哺育率高，发情征状明显，无卧系。

2. 生长发育选择　生长发育是猪外形和生产力的基础，

与猪的肥育性能更为密切。生长发育容易度量，作为选种依据效果明显。猪生长发育的好坏，主要表现在体重和体尺。在一定的年龄阶段和正常饲养管理水平下，体重和体尺大是猪生长发育良好的表现，也决定其肥育性能好，产肉量高。体重一般是在生后 2 月龄、4 月龄、6 月龄和 12 月龄测定，2～3 岁(即达成年)再测定 1 次。通常猪生后 2 月龄达到 18～20 千克为优良，6 月龄达到 90 千克为良好。成年体重，因品种不同而差异较大，不能制定统一的标准。一般说来，我国地方品种成年公猪体重达 140～180 千克，成年母猪达 120～160 千克，可视为表现正常；我国培育品种(系)成年公猪体重达 200～250 千克，成年母猪 180～200 千克视为表现良好。目前，我国广泛利用的 4 个引入品种，成年公猪体重达 250～300 千克，成年母猪 220～250 千克视为表现良好。

体尺是指猪在一定月龄体长、胸围和体高的尺寸大小。在现代养猪生产中，对体尺的选择主要放在体长上面，因为体躯越长，膘越薄，胴体瘦肉越多，生产速度越快，饲料报酬越高。体长多用厘米表示，6 月龄体长和 12 月龄体长为主要选择指标，一般体长愈长愈好。但不要因为注意体长就忽视了其他体尺的测定；体高和胸围是体尺选择的次要指标。

(三)同胞、半同胞测定　是根据同胞、半同胞的性能来选择种猪的一种方法。由于所选种猪的同胞、半同胞比其后代出现的早，因此利用同胞、半同胞的表型选择种猪，所用的时间比后裔测定所用的时间短。如果要测定公猪后裔的产仔数，必须要等到该公猪的女儿成年产仔才能见分晓。这样就大大减少了优秀种猪的使用年限。若利用同胞、半同胞选择，在公猪成年的同时，就可以确定公猪的优劣，从而大大延长了优秀公猪的适用年限。

(四)后裔测定 根据被测种猪子女平均表型值高低来进行选种的方法，称为后裔选择。后裔选择是通过对子女的性能测定和比较来确定被测个体是否留作种用。此方法主要用于种公猪的选择，也可用来鉴定母猪。具体做法是：从被测公猪和 3 头以上与配母猪所生的后裔中每窝选出 3 头（1 公、1 母、1 阉公）共 9 头子女，以其生产性能成绩作为鉴定公猪的依据，同窝 3 头的成绩作为鉴定母猪的依据。后裔选择应注意以下 4 点：其一，被测各公猪所配母猪的条件要尽可能一致；其二，后代的年龄和饲养管理条件以及其他环境条件应尽可能一致；其三，后代子女头数越多，鉴定结果的准确性越大；其四，以生产性能鉴定为主，同时要全面分析后代的外形、生长发育状况、适应性和有无遗传缺陷等。

这种方法准确性高，选种结果可靠，但需时较长，延长了世代间隔，影响了选择进展，而且条件要求高，耗资较大。

(五)综合测定 综合测定是兼顾个体性能成绩和个体亲属的性能成绩对种猪进行选择的方法。具体讲就是将各阶段对后备种猪的测定结果综合起来评定种猪的优劣。因此，对种猪的选择，要经过由小到大逐步选留的过程。每个猪场或专业养猪大户不可能将所生产的仔猪全部留到后期选择，必须在猪生后的各个生长发育阶段有侧重地进行选留和淘汰。一头种猪最终被选留，一般经历如下 4 个阶段。

1. 断奶阶段 这一阶段仔猪生产性能尚未发挥，此时对预留种猪的选择，主要依据其父母成绩，同窝仔猪的整齐度以及断奶仔猪自身的发育状况和体质外貌来决定选留。应从亲代品质优秀、同胞仔猪多且长势良好、生长发育整齐均匀、断奶仔数多，断奶窝重大的家系中，选择初生重和断奶重大的个体。所选留的个体应发育良好，结构匀称，体躯长且深广，四肢健壮结实，稍高，肢距宽，尾根附着点高，眼大明亮有神，行动活泼，健康，乳头7对以上，排列均匀，具有本品种的外貌特征，本身或同窝仔猪无遗传缺陷。一般采用窝选或多留精选的方法。小母猪选1留2，小公猪选1留4。

2. 6月龄猪的选择　这阶段是选种的重点和关键。这时的选种就要求综合考查，严格淘汰。除了考虑其生长速度和饲料利用率以及采食行为以外，还要观测其外形，有效乳头数、有否瞎乳头等缺陷，以及外生殖器的发育状况等；还应观察发情征候和规律，对在上述若干方面不合乎要求的后备猪，严加淘汰。除了以本身性能和外形表现为依据外，这个时期的选种还应参考同胞的成绩。

3. 初产阶段　在这个阶段，母猪本身已有繁殖能力，对其选留与淘汰应以本身繁殖成绩为主要依据。选择总产仔数特别是活产仔数多、母性好、护仔性强、泌乳力强、仔猪断奶成活率高、断奶窝重大，所产仔猪无遗传缺陷的母猪留作种用。公猪主要依据同胞姐妹的繁殖成绩，同胞测定的肥育性能和胴体品质以及本身性功能表现等确定选留与淘汰。对公、母猪同样要考虑其生长发育情况和体型外貌，只是重点放在生产性能上。

4. 二胎以上母猪的选择　本阶段的选择依据，主要是后裔成绩及本身生产力的表现。此一时期，也是决定被选个体能否进入核心群。需要强调的是，核心群和繁殖群的个体并非终生制，应根据以后生产力的具体表现予以升降调整，这样才能保证猪群质量的不断提高。

第三节　猪的选配

选配是根据明确的目的决定公、母畜的配对，它是有意识地组合后代的遗传基础，以达到培育和利用良种的目的。选配工作与选种工作一样，在猪的遗传改良和商品生产中具有重要作用。选种选配相互配合向同一方向进行，可使猪群向理想的方向发展；考虑与配双方的优缺点，慎重选配可以更进一步巩固优点，消除缺点；选择亲和力最好的公、母畜交配可以获得更加理想的后代；选配可以创造必要变异为培育新的理想型创造条件。

一、选配的原则

猪的选配必须遵循一定的原则。

第一，公猪的等级应高于母猪。

第二，对猪群中的优秀公、母猪，除了有意识地进行杂交改良的情况下，一般都要进行同质选配，以巩固优良特性。

第三，具有相同缺点的公、母猪不应交配，否则会使缺点顽固化，以后不易纠正。

第四，外貌上的缺陷，不能用相反的缺陷去纠正。

第五，使用亲缘选配时要慎重，要适当，时时掌握近交程度，不断分析近交效果，发现问题应及时减轻亲缘程度，或进行非亲缘选配。

第六，选配时应考虑交配双方的年龄，应当避免使用过幼或过老的公猪。

二、选配的方法

(一)表型选配 个体选配是指考虑与配个体相互之间关系的选配，如果考虑与配个体所隶属的种群特性则为种群选配。在个体选配中，根据与配双方品质的异同进行选配，即表型选配。表型选配可分为同质选配和异质选配。

1. 同质选配 同质选配是指选用性状相同、性能表现一致的优秀公、母猪来配种，以期获得与亲代品质相似的优秀后代。例如，要想得到体躯长的后代，就应选择身体长的公猪同身体长的母猪配种。采用同质选配的方法能够巩固和加强公母猪双方都具有的优良性能，使亲本的优良性状稳定遗传给后代，并不断增加猪群中具有这种优良性状个体的频率，从而提高群体的遗传品质。因此，在育种中，常采用同质选配方法来提高猪群的一致性和遗传稳定性。但同时同质选配也会产生一些有害作用，如造成生活力下降；使猪对环境的适应范围缩小，适应性降低；使猪群中不显著的缺点更加显著加深。因此同质选配不可长期进行。

2. 异质选配 异质选配指选择某些性状上异质的公、母猪来相配。有两种情况：一是选择具有不同优异性状的公、母猪相配，以期将两个性状结合在一起，从而获得兼有双亲不同优点的后代。例如，选择增重快的公猪与肉质好、适应性强的母猪交配，可望获得增长快而肉质优良的后代。另一是选择同一性状，但优劣程度不同的公、母猪相配，以期获得以良改劣的目的。此时的异质选配又称“改良选配”。异质选配可以综合两种或多种猪群的优良品质以改进缺点；可以提高猪的生活力；提高有机体的可塑性。但同时异质选配易使畜群停留在一般水平上，很多的经济性状都属于中间型遗传，后代介于双亲之间，容易丧失原有的优良特性。在实践中，异质选配亦不可长期使用。此外，不可进行相对立缺点的异质选配，即不能以一种病态纠正另一种病态。如有人根据后代的性能介于父母之间，因此认为如将具有相反缺陷性状的双方(如凹背与弓背)相配，期望获得平背猪，这种弥补交配实际上是不可能达到目的的。因为从本质上看它们都是骨骼不强健造成的结果，所以仍应属于同质选配，结果往往使骨骼不强健程度进一步增大，而很可能出现弓背龙腰。

同质选配和异质选配是相对的，可能在某些方面是同质，在其他方面是异质。例如，有头母猪乳头多，但腹大背凹，选一乳头数多、背腰平直的公猪与之相配，以期获得乳头多、背腰平直的后代。这时，对乳头多这一性状而言是同质选配，对背腰而言是异质选配。因此，在生产实践中，二者不可能截然分开，只有将这两种方法密切配合，交替使用，才能不断巩固和提高整个猪群的品质。

(二)亲缘选配　亲缘选配就是考虑交配双方亲缘关系的远近来进行选配。交配双方具有较近的亲缘关系，叫做近亲交配，简称近交；交配双方亲缘关系较远，称为远亲交配，简称远交。没有血缘关系的公、母猪交配叫非亲缘交配。

1. *近交程度*　配偶间的亲缘关系有密有疏，所以近交程度也各不相等，常用两种表示方法。这里只介绍一种比较简单而直观的方法。就是用罗马数字表示共同祖先在系谱中所处的代数和位置，中间用短的横线“—”联系，横线左边的罗马数字表示共同祖先在母系方面所占的代数，横线右边的罗马数字表示共同祖先在父系方面所占的代数，计算代数时，本身不计代，以父母作为第一代祖先，祖父母和外祖父母为第二代祖先，以此类推。

例如,如一头种猪的近交符号为:Ⅱ—Ⅱ,表示它为半同胞交配的后代(即为同父异母或同母异父的兄妹交配)。在猪育种中为方便起见,习惯上将亲缘交配分为4类,如表2-1所示。

表2-1 亲缘交配程度分类

近交程度	交配类型
嫡亲交配	Ⅱ—Ⅱ(同父异母或同母异父的兄妹交配);Ⅱ—Ⅰ(父女交配);Ⅰ—Ⅱ(母子交配);Ⅰ—Ⅲ(祖母、孙儿交配);Ⅲ—Ⅰ(孙母、祖父交配)
近亲交配	Ⅱ—Ⅲ、Ⅲ—Ⅱ、Ⅲ—Ⅲ、Ⅰ—Ⅳ、Ⅳ—Ⅰ、Ⅱ—Ⅳ、Ⅳ—Ⅱ
中亲交配	Ⅰ—Ⅴ、Ⅴ—Ⅰ、Ⅲ—Ⅵ、Ⅵ—Ⅲ、Ⅳ—Ⅳ、Ⅱ—Ⅳ、Ⅳ—Ⅱ、Ⅱ—Ⅴ、Ⅴ—Ⅱ、Ⅰ—Ⅳ、Ⅳ—Ⅰ
远亲交配	Ⅲ—Ⅴ、Ⅴ—Ⅲ、Ⅱ—Ⅳ、Ⅳ—Ⅱ、Ⅴ—Ⅴ、Ⅴ—Ⅳ、Ⅳ—Ⅴ、Ⅰ—Ⅵ、Ⅵ—Ⅰ、Ⅵ—Ⅵ

据刘红林,吕艳丽. 现代养猪大全(第一版). 中国农业出版社,50页

2. 近交的作用

(1)固定优良性状　近交的基本效应是加速基因纯合,因此在猪的育种中,可采用适度的近交结合使用同质选配,以固定优良性状提高群体的同质性。

(2)保持优良个体的血统　当猪群中出现性能特别优秀的个体时,可围绕该种猪开展近交,建立单系,扩大群体中优良个体的数量,保持该优良血统。

(3)提高畜群的同质性　在近交的基础上加强选择,可得到比较同质的畜群,达到猪群提纯的目的。

(4)揭露有害基因　大多数有害性状是隐性的,在非近交情况下较少出现,而近交时由于基因型趋于纯合,隐性有害基因则容易暴露,便于及早淘汰,大大降低群体中有害基因频率。

3. 近交的危害及其近交衰退的防止　近交虽然是育种工作的一种有利措施，但它又有有害的一面，会产生近交衰退现象。所谓近交衰退是指由于近交，家畜的繁殖性能、生理活动以及与适应性有关的性状，都较近交前有所削弱。具体表现是繁殖力减退、死胎畸形增多、生活力下降、适应性降低、体质较弱、生长缓慢、生产力下降等。

对于近交衰退，一般采用下列防止措施：其一，严格淘汰。对于表现有近交衰退的个体，坚决从近交群中淘汰；其二，加强饲养管理，使近交衰退现象得到缓解、不表现或少表现；其三，血缘更新。用同品种、同类型但无亲缘关系的个体来更新血缘；其四，做好选配工作。

第三章 猪的杂交与杂种优势利用

第一节 杂交优势及其影响因素

一、杂交与杂种优势

(一)杂交 在现代养猪生产中,人们越来越多的利用杂交的方式进行生产,这种方法不仅用于不同品种之间,也用于同一品种的不同品系之间。杂交之所以受到人们的重视,是因为正确的杂交方式可以获得理想的杂种优势,使杂种后代具有较好的适应性、较强的生活能力、较高的繁殖能力、较快的生长速度以及较佳的胴体品质等。杂交是指不同品种或不同品系间的公、母猪的交配。杂交所产生的后代称为杂种。

(二)杂交优势 所谓杂交优势是指后代的性能超过其父母平均值的现象。经过性能测定所得到的个体记录可能受到3种效应的作用。如母猪的窝产仔数受到3个效应的影响:其一,父本效应,公猪配种能力以及精液的受精力。其二,母本效应,母猪的排卵率及子宫内环境。其三,个体(子代)效应,仔猪(胎儿)的抵抗力和生活力。父本效应用于评价种猪的种用价值;母本效应对于评价繁殖力的各个指标具有重要意义;个体效应对于评价个体生长发育性状的作用更为重要,如胴体性状。

1. 父本杂种优势 取决于公猪系的基因型,是指杂种代替纯种做父本时公猪性能所表现出的优势。表现出杂种公猪比纯种公猪性成熟早、睾丸较重、射精量较大、精液品质好、受胎率高，年轻公猪的性欲强等特点。

2. *母本杂种优势*　取决于母猪系的基因型，是指杂种代替纯种为母本时母猪所表现出的优势。表现出杂种母猪(F_1)产仔多泌乳力强、体质强健、易饲养、性成熟早、使用寿命长等特点。

3. *个体杂种优势*　亦称子代杂种优势或直接杂种优势。取决于商品肉猪的基因型，指杂种仔猪本身表现出的优势，主要表现在杂种仔猪的生活力提高、死亡率降低、断奶窝重大、断奶后生长速度快等方面。

总之，上述各种优势只有当父系公猪、母系母猪和商品肉猪是杂交个体时才会出现。因此，在二元杂交方案中，只能利用到个体杂种优势。

二、杂种优势的估计

杂种优势的估计必须进行杂交试验。可以采用不同的试验设计，现仅介绍常见的个体杂种优势和母本杂种优势估计的双列杂交试验设计。个体杂种优势的估计公式：

$$H=1/2(AB+BA)-1/2(AA+BB)$$

式中 AA、BB 分别为纯系 A 和 B 的均数，AB 是 A 为父本 B 为母本的 F_1 代均数，BA 是 B 为父本 A 为母本的代 F_1 代均数。两个正反交 F_1 代含有不同的父本效应和母本效应，因此要对两个 F_1 代都进行测定。母本杂种优势的估计公式为：

$$Hm=1/2[(C(AB)+C(BA)]-1/2(CA+CB)$$

式中 C(AB)、C(BA)是以 C 为父本正反交 F_1 代为母本的三元杂交均数，CA、CB 为 C 为父本 A、B 分别为母本的二元杂交均数。由此式可以看出对母本杂种优势的估计费用很高。

在繁殖性状上杂种优势表现得突出，尤其是母本杂种优势；而肥育性状上的杂种优势表现中等；至于遗传力高的胴体品质性状几乎没有优势。

三、影响杂种优势的因素

(一)性状 各种性状表现的杂种优势是不同的，所以同一杂交后代个体的不同性状所表现的杂种优势是不同的。遗传力低的性状如繁殖性状，杂种优势表现得明显。在生命早期表现的性状，如成活率、断奶时的生长速度等杂种优势明显；断奶后的增重等性状有一定程度的杂种优势，而屠体品质等几乎没有杂种优势。对猪的经济性状而言，遗传力低的繁殖性状，杂种优势率高，为20%～40%；遗传力中等的肥育性状杂种优势率亦中等，为15%～25%；遗传力高的胴体和肉质性状，杂种优势率低，为0～15%。

(二)亲本品种 杂种优势的大小较大程度上取决于杂交亲本品种内的同质性和杂交亲本品种间的异质性。亲本品种越纯(遗传稳定性强)，亦即品种内同质程度越高，杂种优势率越高；亲本品种间差异程度越大，亦即品种间异质性程度越高，则杂种优势亦越高。一般来说，不同品种间杂交的杂种优势率要高于同品种内不同品系间杂交。

(三)杂交方式 二元杂交后代用于肥育，这种杂交方式对杂种优势的利用只限于肥育性状和胴体品质，而在繁殖力方面的杂种优势没有得到利用，如果继续将二元杂种留作亲本，繁殖性能的杂种优势就可得到利用。由于繁殖力主要由母本决定，所以留二元杂种作母本比作父本好。用二元杂种作亲本时一般有以下几种选配方法：①与第三个品种杂交，这种方式所得到的杂种优势高；②与原亲本品种回交，这种方式虽然只需两个亲本品种即可进行，但杂种优势表现较差，甚至可能低于二元杂种；③用二元杂种母本与另二个品种的二元杂种公猪交配即双杂交，这种方式杂交效果好，杂种优势大，国外所谓配套系杂优猪大部分是利用几个专门化品系杂交而成。此外，在杂交方式中，正反交的杂种优势大小亦有可能不同，所以在选择亲本品种时必须考虑哪个品种作父本，哪个品种作母本。一般选择繁殖力高的作母本，生长快的作父本，尽管反交杂种的肥育性能可能高于正交杂种，但在养猪生产中还是多用外来品种作父本，这既符合了母本繁殖力高的要求，又可减父本的饲养数量，因此投资较低，收益较高。

(四)个体品质　同一品种内个体间存在着差异，所以同品种不同个体的杂交效果不一样。因此，对个体同样要进行选择。

(五)饲养管理条件　杂种优势的体现受遗传和环境两大因素的制约。对于一个优良的杂交组合来说，如果所给予的饲养管理和环境条件不适宜，使其基因型不能得到充分表现，那么就无法获得预期的杂种优势。因此，任何杂交组合的好与坏，都要与特定的饲养管理条件相结合，离开了具体的饲养管理条件，就无法评价杂交组合的优劣。

不同营养水平对杂交效果有明显的影响。由于不同营养标准水平下不同杂交组合的日增重、饲料利用率、屠宰率和背膘厚等指标差异极显著，在推广优良杂交组合的同时，需要再相应地推广最适宜的饲养标准，才能更有效地发挥杂种优势潜力与饲养标准的共同效应。例如，长白猪和我国本地猪交配，由于血缘关系较远，杂种优势较明显，但饲养管理条件差时，生长反而比配合力较低的约克夏纯种还慢。由于最佳杂交组合随饲养管理条件而变化，所以杂交组合试验不是一劳永逸的。

第二节 经济杂交方式

根据杂交的性质，杂交方式可以分为固定杂交、轮回杂交与级进杂交。其中固定杂交包括二元杂交、三元杂交和四元杂交。轮回杂交包括两品种、三品种和四品种轮回杂交。

一、两品种杂交

两品种杂交也称二元杂交或单杂交，指的是不同品种或不同品系间的公、母猪进行交配。两品种杂交的优点是：杂交方式简便，生产组织简单。采用两品种杂交进行商品猪生产时，一般当地饲养量大、适应性强、繁殖力高的地方品种或培育品种作母本，选择生长速度快、饲料利用率高的外来品种（如杜洛克等）作父本。我国培育的瘦肉猪品种或品系也可作为父本使用。

二、三品种杂交

三品种杂交是采用两品种杂交的杂种一代作母本，再与第三品种公猪交配，所生的后代作为商品猪肥育。采用这种杂交方式，杂交母本是两个不同品种的杂种，可充分利用杂交母本。与两元杂交相比既利用了杂交母本产仔多的优势，又利用了第三品种公猪生长速度快、饲料利用率高的优势。所以三元杂交是世界各国普遍采用的杂交方式。如杜长大三元杂交商品猪的生产模式如图 3-1 所示。

祖代　　　　长白♂ ×大约克夏♀
↓
父母代　　杜洛克♂× 长大♀
↓
商品代　　　　杜长大

图 3-1　三品种杂交

三、两品种轮回杂交

利用甲品种公猪与乙品种母猪杂交，产生杂种一代，又从杂种一代中选留优秀的母猪与乙品种公猪杂交，产生杂种二代(F_2)母猪再与甲品种公猪杂交。依次逐代轮流杂交，从而不断保留子代的杂种优势。其中杂种公猪一律不能留种，全部肥育。采用两品种轮回杂交的方法可以综合利用两个品种的有利性状，并且增加了杂种优势的遗传基础。两品种轮回杂交生产模式如图 3-2 所示。

甲品种♂×乙品种♀
↓
乙品种♂×(F_1)♀
↓
甲品种♂×(F_2)♀
↓

图 3-2　两品种轮回杂交

四、三品种轮回杂交

选择 3 个优良的品种，先用甲品种公猪与乙品种母猪杂交，产生杂种一代，又从杂种一代中选留优秀的母猪与丙品种公猪杂交，产生杂种二代母猪再与甲品种公猪杂交。依次逐代轮流杂交。其中杂种公猪和部分母猪不留种，用作肥育。采用三品种轮回杂交的方式，充分利用了杂种母猪繁殖力高的杂种优势，综合了 3 个品种的优良性状，所以能有效的防止杂种优势的退化。另外，杂种母猪自己繁殖的后代，从健康的角度讲，减少了引种时传染疾病的危险。但由于杂交的品种无法固定谁做父本，谁做母本，这与现代养猪业中专门化品系的选育方向与利用方法相违背。三品种轮回杂交生产模式如图 3-3 所示。

甲品种♂×乙品种♀

↓

丙品种♂×(F1)♀

↓

甲品种♂×(F2)♀

↓

乙品种♂×(F3)♀

↓

图 3-3　三品种轮回杂交

五、双杂交

双杂交也称四元杂交，先用 4 个品种分别进行两两杂交，然后再在两种杂种间进行杂交进行商品猪生产。由于商品猪的双亲全是杂种，可以同时发挥父本和母本的杂种优势。此外，采用杂种大量繁殖，可以少养纯种，以降低饲养成本。采用四元杂交时涉及到 4 个品种，饲养的亲本品种较多，组织工作复杂。如皮杜长大四元杂交商品猪的生产模式如图 3-4 所示。

祖代　皮特兰♂×杜洛克♀　长白♂×大约克夏♀

↓　↓

父母代　皮杜♂　×　长大♀

↓

商品代　皮杜长大

图 3-4　两品种轮回杂交

六、配套系生产猪

包含着品种资源、专门化品系培育，配合力测定，曾祖代、祖代、父母代、商品代的全部育种过程和育种内容。我国培育出的专门化配套系包括三系配套的冀合白猪、光明配套系、深农配套系等；引入的配套系如斯格猪、迪卡猪、PIC猪（如图 3-5）等。在我国，自主培育的用于杂交的品系仍然以二元杂交为主，真正意义上的配套系在我国还没有很好地发挥作用，尚处于起步阶段，与国外发达国家还有很大的差距。

曾祖代　L02♂×L03♀　L19　L64♂×L11♀

↓　↓

祖代　L1050♀ × L19♂　↓

↓

父母代　C22♀　×　L402♂

↓

商品代 PIC 五系配套杂交商品猪

图 3-5　PIC 五系配套杂交模式图

七、合 成 系

合成系是定位后的专门化品系，是配套系中的一个杂交单元,是在品种资源的基础上采用品种或品系杂交或品种分化的方法用“同质性状结合体”的理论,培育的杂交系或纯种系。每一个合成系都有自己独特的用途和性状,并经过群体品系繁育,有相对的纯合度和近交度。便于在配套系合成中,有高的整齐度和获得明显的杂种优势。

第三节　杂交亲本选择及优良杂交组合

一、杂交亲本选择的原则

猪的经济杂交中亲本的选择是十分重要的,亲本选择的好坏直接关系到杂交的效果。由于杂交组合中父本和母本所发挥的作用不同,所以在选择父、母本时应遵循如下原则。

(一)母本选择的原则　作为杂交母本,要求群体数量大,分布广,适应性强;母性特征明显,产仔数多,泌乳能力高,母性好;体格适中,以减少自身基础代谢所消耗的能量。

与引入猪种相比,我国的地方猪种和培育猪种具有较好的母性,具有作母本的条件。

(二)父本选择的原则　父本应具有生长速度快,饲料利用率高,胴体品质好;性成熟早,精液品质好,性欲强;对环境的适应性好等特点。

长白猪、大白猪、约克夏、杜洛克等引入猪种具有以上特点,可作为杂交的父本来利用。另外,在选择父本时应注意经济类型,不同类型的公、母猪杂交的效果比同类型的杂交效果要好。

我国地域辽阔,猪种资源丰富,各地应根据当地的实际,选择适宜的地方猪种和培育猪种作母本。至于选择什么品种作父本最好，需要进行杂交试验和配合力测定。

二、优良杂交组合模式介绍

（一）最佳杂交模式的确定 猪最佳杂交模式应满足以下基本要求：①商品猪适合市场需求，商品价值高，竞争力强；②充分利用各类杂种优势，使繁殖和生长性状的杂种优势得到充分表现，并能充分地利用遗传互补性；③合理地利用当地的猪种资源，这一点在我国尤为重要；④适应特定的管理条件和饲养水平；⑤在生产组织操作上可行；⑥经过经济评估，综合经济效益好。当然所谓最佳是相对的，因为不同时间、地点、营养水平等都可能有各自的最佳杂交模式。

（二）猪的杂交模式介绍 我国在猪杂交模式的探索上已取得较好的成绩。从20世纪70年代中期起，在全国范围内推行了公猪外来良种化、母猪本地良种化、商品猪杂交化的二元杂交模式，开始改变过去杂交的无计划状态。一些单位还通过杂交组合试验，筛选出若干适合当地养猪生产的杂交组合。通过1983～1985年国家商品猪科技攻关课题研究，对17个品种或系的265个杂交组合在中等营养水平条件下进行了146批次的试验，筛选出8个立足于我国猪种资源利用、适应我国某些地区饲养和不同市场要求的优良杂交模式。它们分别是：大约克×（长白×北京黑猪）、杜洛克×（长白×北京黑猪）、杜洛克×上海白猪、杜洛克×湖北白猪、杜洛克×浙江中白猪、杜洛克×（长白×嘉兴黑猪）、杜洛克×（长白×太湖猪）、杜洛克×三江白猪。

如果对20世纪70年代以来所做的大量杂交配套组合筛选试验进行归纳比较，主要有二元杂交和三元杂交两种类型，二元杂交模式主要有：引入猪种×培育猪种，引入猪种×地方猪种，培育猪种×地方猪种；三元杂交模式主要有：引入猪种×(引入猪种×培育猪种)，引入猪种×(引入猪种×地方猪种)，引入种猪×(引入猪种×引入猪种)。

世界养猪发达国家一般都根据自己的当家猪种，从实际出发确定其杂交模式，并且根据市场的需求进行不断的变化。但一般情况是用长白猪和大白猪生产杂种母猪，三元杂交时选用杜洛克、汉普夏、皮特兰以及父系大白猪或比利时长白猪作为终端父本生产商品肉猪，四元杂交时选用汉杜等杂种公猪生产商品肉猪。如丹麦三品种杂交时主要为杜大长和汉大长，四品种杂交时多采用汉杜为父本，大长为母本生产商品猪；在瑞典采用大长为母本，三元杂交时汉普夏为父本，四元杂交时选用汉大杂种公猪；英国的杂种母猪为大白与长白的后代，F_1 母猪多用大白猪回交；法国的父系猪主要为比利时长白和皮特兰，杂种母猪主要为法国长白×法国大白；美国的母系猪多为长白和大约克夏，父系猪主要为杜洛克和汉普夏，多采用终端轮回杂交方式和终端杂交方式进行生产。另外，国外的猪育种公司均有自己的父系和母系，并向其他国家推销，目前我国已从美国引进迪卡(Dekalb)和PIC配套系。

第四节　猪的杂交繁育体系

为了有效地获得杂种优势，使猪的经济杂交工作有计划地进行，必须建立繁育体系，设置亲本品种的原种场，繁殖场和商品猪生产场。如不保留原种，只搞经济杂交就会导致原种的丧失，杂种优势也会随之消失。商品猪生产杂交繁育体系是将纯种的保护、良种的扩繁和商品猪生产有机结合起来形成的一套体系。猪的杂交繁育体系通常由原种猪群、种猪群、商品猪繁殖群和肥猪群组成，形似一个“金字塔”。一个完整的良种繁育体系，可概括为核心群、繁殖群和生产群三大部分。在杂交繁育体系中，将育种工作和杂交扩繁任务划分给相对独立而又密切配合的育种场和各级猪场来完成，使各个环节的工作专门化。

核心群主要用于进行亲本品种的选育提高、各种专门化品系的培育以及最佳杂优组合的筛选等。为了保证核心群选种准确、可靠，应当建立国家级和省级的种猪性能测定站和人工授精站，最后建立由国家和省监控和管理的种猪核心群，推动整个猪群的遗传改良。

繁殖群在繁育体系中起承上（核心群）启下（生产群）的重要作用。它的基本任务是将育种场所选育的纯种（系）猪进行扩繁，或按照统一的育种规划进行品种或系间杂交生产杂优母猪，以提供商品场所需要的后备母猪。

生产群的任务是开展父母代的杂交工作，有计划地生产商品肉猪。

总之，“金字塔”式的良种繁育体系从核心群选育、原种生产、扩大繁殖、生产杂交母猪、经济杂交、商品猪肥育，层次由高到低，数量从小到大，从而保证优良基因的顺序流动，并最大限度地缩小了遗传改良距离。

第四章　猪的繁殖技术

猪是多胎高产、世代间隔短、周转快的家畜，它能在短期内给人们提供丰富优质的肉品。猪的繁殖力是养猪生产中的一项重要经济指标，母猪产仔数的高低，直接关系着养猪成本的大小。例如，有资料表明，每头母猪年产 22 头仔猪时的总盈利为 100%，年产 14 头仔猪时则仅为 30.8%。可见，加速猪的繁殖是发展养猪生产的基础。繁殖过程包括配种、妊娠、分娩、泌乳等环节，在不同阶段各有其不同的要求。配种则是提高繁殖力的首要环节，也是实现多胎高产、降低生产成本的第一关。

第一节　猪的繁殖生理特点

猪是多胎动物，具有比较高的繁殖潜力。掌握公、母猪的繁殖生理特点，就会利用各方面的技术和方法，如发情鉴定技术、人工授精技术等，以提高猪的配种受胎率、产仔成活率。

一、性成熟和体成熟

性成熟表示猪的性功能已经成熟，并且具有正常的配种繁殖能力；而体成熟为全身各个器官的发育都达到完全成熟，具备了成年猪所固有的形态结构和生理功能的时期。猪性成熟期与品种、饲养、管理、气候、环境等因素有密切关系。

(一)公猪　青年公猪生长发育到一定时期，开始产生成熟精子为性成熟。性成熟的时间因猪种不同而异，营养状况也有很大影响。在正常饲养条件下，我国地方猪种一般在3～4月龄，体重20～30千克即达到性成熟，甚至在2月龄就达到性成熟。而培育品种、国外引进猪种及其杂种猪，性成熟期较晚，多在6～7月龄、体重达65～75千克时才达到性成熟。公猪的性成熟一般稍晚于母猪。

公猪达到性成熟后，在神经和激素的密切配合下，就表现出性欲冲动、求偶和交配三方面的反射，这种性行为是受高级中枢神经控制。公猪达到性成熟，只能表明生殖器官开始具有正常的生殖功能，并非即可正式参加配种利用。因为性成熟早于体成熟，过早使其配种，不仅会影响生殖器官的正常生长发育，更会影响其身体发育，以致缩短使用年限，降低种用价值。

（二）母猪　后备母猪生长发育到一定时期，卵巢内能产生成熟的卵子和雌激素，有发情表现，具有繁殖能力，就叫性成熟。后备母猪的性成熟年龄同后备公猪一样，常随品种、气候和饲养管理条件等的不同而异。我国地方猪种性成熟较早，多在3～4月龄就开始发情。据报道，太湖母猪在60日龄、体重13千克时就开始第一次发情。国外引进猪种及我国培育品种性成熟年龄较晚，一般为6～7月龄、体重75千克左右。气候温暖、饲养条件较好时，生长发育加快，性成熟期可能提前。

由于性成熟期的母猪身体还在继续发育，此时虽有性欲要求和受胎可能，但绝不能用来繁殖。一般国外引入品种体成熟在8～10月龄、体重达100千克左右。如若刚达到性成熟就开始配种，不仅会影响利用年限，同时也会降低产仔数和哺育成绩，尤其是初配体重过小，其后果更差。

二、发情与排卵

(一)发情 发情是母猪性成熟后周期性的性活动现象。母猪达到性成熟后，由于大脑皮质受到光线、温度、饲料和公猪等外在因素和激素等内在因素的刺激，使脑下垂体分泌一种促卵泡成熟激素，能促使卵巢上的卵泡迅速发育。在卵泡成熟过程中，卵泡本身又分泌雌激素，随着雌激素水平升高，刺激大脑皮质的性中枢，导致母猪的精神状态、行为举止和生殖器官发生一系列变化，表现出性行为特征和性欲等性活动的现象，就叫做发情。

1. *发情周期* 猪在性成熟后，每隔一定时间出现发情现象，并呈周期性进行，从上次发情期到下一次发情期之间的间隔，称为发情周期(性周期)。母猪刚达到性成熟时，发情往往不太规律，经过几次发情后，就比较有规律了。发情周期一般为18～23天，平均为21天。周期性发情是受神经和激素调节的。母猪发情配种后，若未受胎则反复出现发情。

2. *发情持续期* 从母猪发情开始到发情结束持续的时间即为发情持续期。母猪发情持续时间为2～5天，但常随品种、年龄、季节和个体的不同而异。一般培育品种为2～3天，地方品种多为3～5天；幼龄母猪发情持续时间长，老龄母猪则较短；春季发情持续时间较短，而冬季则稍长。

3. *产后发情* 产后发情是指母猪产仔后出现的第一次发情。母猪分娩后在仔猪哺乳期间发情受到抑制，一般都在仔猪断奶后1周内开始第一次发情。但有资料表明，初产母猪和经产母猪有差异，据统计，初产母猪在断奶后7天内发情的比例为52.3%，而经产母猪则较初产母猪高，为77.4%。另外，季节对母猪产后发情亦存在影响，这是由于炎热季节采食量下降、体内贮备消耗较多及其他不利因素的综合作用下，导致母猪出现断奶后乏情或推迟发情，如在美国 7～9 月份断奶的母猪在断奶后 7 天内发情的比例低于其余月份，断奶至发情的时间间隔加大。

4. 异常发情　在生产实践中，由于营养不良、饲养管理不当等导致个别母猪出现异常发情。常见的异常发情有以下几种。

(1)安静发情　亦称安静排卵。有些母猪缺乏发情表现，多发生于青年猪和营养不足的母猪，常常错过发情配种的机会。

(2)短促发情　有些青年母猪发情时可能时间很短促，并且没有显著征状，若在夜间发情，因其时间短促，可能无法观察，同样会错过适宜配种时间而造成空怀。

(3)断续发情　有些母猪的发情表现时断时续，发情时间延续很长，这主要是由于卵泡交替发育所致。

(4)假发情　配种后停止发情是母猪妊娠的一个主要标志。但实践中有时会出现妊娠母猪出现一种不明显的发情，俗称“假发情”。这种发情与正常发情的区别在于发情征状不明显，可能阴门略为红肿，母猪稍有不安，但拒绝公猪交配。假发情主要是由于激素功能的混乱造成。

5. 发情症状　母猪的发情征状有一个变化过程，其外部特征主要表现在行为和阴户的变化上。发情初期首先是阴户潮红肿胀，肿胀程度不一，有的明显，有的不明显(黑猪不易看出)，阴道黏膜颜色由浅变深。食欲减退，精神显得敏感不安，四处张望。随着阴户肿胀的进展，阴道开始流出透明而稍带白色的黏液，但不愿接受公猪爬跨。到发情高潮时，食欲显著下降甚至拒食，在圈内起卧不安，常有鸣叫、爬圈、拱地、啃圈门并企图跳出圈外，排尿频繁和爬跨同圈母猪等行为表现。其阴道流出黏液增多并变得浓稠，此时如和公猪在一起，相互彼此交鼻、嗅尾，神情表现呆滞，有时主动寻找公猪，翘尾竖耳，允许其爬跨交配，用手按压腰荐部时，常呆立不动，表现出待配姿势。到发情后期，食欲恢复，阴户收缩，红肿现象消失，精神状态也恢复正常，拒绝公猪爬跨，有的甚至有敌视或攻击公猪的行为。

(二)排卵　母猪达到性成熟后，卵巢中即已生长着较大的卵泡，由于大脑皮质接受外界(光线、温度、食物等)和内在(激素)因素的各种刺激，发生一系列生理变化，促使卵泡逐渐达到成熟。卵泡内成熟的卵细胞从破裂卵泡中排出来的这一生理过程，称为排卵。

1. 排卵时间　母猪在发情期陆续排出成熟卵子。母猪排卵是在发情后开始的，一般是在发情开始后 24～36 小时排卵，排卵是一个连续过程，从第一枚卵子排出到排卵结束，所需时间(排卵持续时间)长短不等，一般为 10～15 小时，它与交配和交配次数有关。在不进行交配时，排卵较慢；而双重及多次交配时则排卵较快。

2. 排卵数　母猪在每次发情中的排卵数一般在 10～25 枚。母猪的排卵数与品种、年龄、胎次以及环境温度等密切相关。如我国的太湖猪是世界著名的多胎品种，平均窝产仔为 15 头，如果排卵成活率按 60%计算，则每次发情排卵在 25 枚以上，一般中国地方猪种排卵数高于国外猪种。据报道，从初情期起，头 7 个情期，每个情期大约可以提高 1 个排卵数。在年龄相同的情况下，胎次多的排卵数也多(以第四至第六胎最高)。有试验表明，不限量饲养的小母猪排卵数较限量饲养者多 3 枚左右，说明营养状况好有利于增加排卵数。

3. 黄体形成　卵巢上发育成熟的卵泡破裂并释放卵子进入输卵管，在促黄体素的影响下，空卵泡腔内增殖形成黄体，正常破裂的每个卵泡被1个黄体所取代。如果卵子没有受精，发情黄体退化并在排卵后大约15天消失。如果卵子受精而发生妊娠，黄体可存在于整个妊娠期，并称为妊娠黄体。实际上黄体是一种内分泌腺，它产生一种维持妊娠所必需的激素——孕酮。如果发情黄体不退化，就不再出现周期性发情，因而错误地判断为妊娠，即为所谓的假妊娠。

三、受精与妊娠

(一)受精　受精就是精子和卵子在母猪输卵管内结合成合子(即受精卵)的生理过程。

1. 精子的运行　精子运行是指精子在母猪生殖道内由射精部位到受精部位的运行过程。受精部位在输卵管壶腹部。

(1)精子运行机制　精子的运行除靠本身的前进运动外，主要是借助于母猪子宫收缩及输卵管的收缩和纤毛的摆动而到达受精部位。

(2)精子保持受精能力的时间　在自然交配的情况下，大量精液注入母猪生殖道，交配后30分钟内，就有部分精子到达输卵管内。交配数小时后，大部分精子停留在子宫体和子宫角内。精子在母猪生殖道内存活时间为24～42小时，但精子在输卵管保持受精能力的时间肯定要比存活时间短得多，大约仅为10～20小时。

(3)精子的获能　精子被注入母猪生殖道之后，并没有受精能力，必须经过某种变化，才能进入卵子并使卵子受精，这一过程叫做精子的获能。猪精子获能的时间大约是2～4小时，经过获能，精子的游动能力和呼吸强度都得到提高，这是受精所必需的。

2. 卵子的运行

(1)卵子运行的过程　卵子本身不能运动。卵子排出时，输卵管的伞紧紧包围着卵巢，卵子随卵泡液进入伞部，借助伞部的上皮纤毛摆动，使卵子在排卵后的30～45分钟内运送到壶峡结合部，并与等在那里的精子相遇。卵子在输卵管的前半段通过很快，到输卵管后半段时，卵子的运行显著变慢，通过整个输卵管的时间约为3天。

(2)卵子保持受精能力的时间　卵子在输卵管内可以保持受精能力的时间也就是运行至输卵管峡部以前的时间。卵子保持受精能力的时间较短，一般只有数小时，最长时间可达15小时左右，一般在8～12小时。如果受精地点没有精子与之受精，卵子就继续向下移行，并随时间的发展而衰老，于是失去受精能力。

3. 受精过程

(1)精子溶解放射冠　精子和卵子在受精部位相遇，由众多的精子包围着卵子。经过获能作用的精子可释放一种酶，能溶解卵子外层的放射冠，以便精子进入卵子。所以，在受精的第一阶段需要一定数量的精子。

(2)精子穿过透明带　穿入放射冠的精子，其顶体形态改变和膨胀，并依靠所分泌的透明带溶解酶的作用而穿过透明带。

(3)精子进入卵黄　穿过透明带的精子，有一个或数个进入卵黄膜内，与此同时透明带也发生变化，阻止其他精子进入。此时，卵子的选择更加严格，通常只有1个精子和卵核结合。进入卵黄内的精子，经过一定的变化，便形成精核。随后精核和卵核相互靠近，开始复杂的同化和异化过程，于是便形成结合子。合子经过多次分裂逐渐形成胚胎，即新的生命体。

(二)妊娠 受精是妊娠的开始，分娩是妊娠的结束。

1. 受精卵的卵裂和胚泡的附植 受精卵在输卵管即发生卵裂，排卵后3～4天进入子宫。卵裂达到16～32个细胞时，形似桑椹，故称为桑椹胚。此时其发育主要靠消耗卵细胞贮备的营养物质。往后，卵裂球很快分泌液体进入细胞间隙，从而形成中间充满液体的空腔，腔内积有透明液体，此时称为胚泡。猪的胚泡期约为排卵后的第六天。胚泡迅速增长，对营养物质的需要量也大为增加，此时胚泡仍处于游离状态，其营养主要由“子宫乳”供给。再往后胚泡逐渐与子宫黏膜发生联系，称为附植。其附植是一个渐进的过程，开始疏松，最后变得非常紧密。猪胚泡的附植在受精后的12～24天内完成。

2. 妊娠母猪的生理变化 母猪妊娠时，卵巢的黄体不退化，保持着功能旺盛的妊娠黄体，产生大量的孕酮，保证妊娠的继续，并能抑制发情，停止发情周期的变化。子宫黏膜在发情前期就开始出现的各种变化，在受精后变得更为明显，使胚胎顺利地在子宫内附植，并进一步形成胎盘，保证胎儿继续生长发育。随着胎儿的发育，子宫的体积和重量都逐渐增加。子宫颈分泌黏液，形成黏液塞，封闭子宫颈通道。妊娠期母猪的代谢增强，因而长得肥壮，被毛光亮。

3. 胚胎死亡 在养猪生产中，并不是所有的卵子都能形成胎儿最终出生的，这种损失称为产前损失。成年母猪每次排卵一般都在20枚以上，多的可达30枚以上。但在生产实践中，除我国高产的地方猪种产仔高达14～15头或更多外，绝大多数母猪产仔都只有10头左右，这是由于妊娠期胚胎死亡造成的。试验证明，合子在受精后9～13天内的附植初期是胚胎死亡的敏感期，易受各种因素的影响而死亡，胚胎死亡率占全部胚胎死亡的60%以上，这是胚胎死亡的第一个高峰时期；大约在妊娠后的第三周，处于器官形成期的胚胎再次出现一个死亡的高峰期。这两个时期胚胎的死亡占受精卵的30%～40%。在妊娠后的60～70天，胎盘停止生长，而胎儿生长迅速，可能由于胎盘功能不健全，影响营养的供给，以致其死亡，这是胎儿死亡的第三个高峰。由于上述的损失，一般母猪所排出的卵子，大约只有一半发育成分娩时的活仔猪。

造成胚胎死亡的原因有遗传、营养、生殖系统疾病、内分泌紊乱和管理不当（如配种不适宜、不良的环境，特别是热应激）等，都会导致胚胎的死亡。因此，减少胚胎的早期死亡是提高产仔数的关键。

第二节　配种技术

配种工作是养猪场的一个非常重要的生产环节，也是实现多胎高产的第一关。配种直接影响母猪的受胎率和产仔数。仔猪是从卵子受精发育而来，因此应根据母猪的发情排卵规律，掌握适宜的配种时间，采取先进的配种技术和方法，方能最大限度地发挥种猪的繁殖潜力。

一、后备猪适宜的初配年龄

后备猪长到一定的年龄，性功能开始成熟。达到性成熟后的初配年龄，取决于品种、个体发育和性别等。

（一）后备公猪　公猪达到性成熟后，如果就让其配种，虽然有使母猪受胎的可能，但由于这时正是小公猪生长发育最旺盛的时候，如果过早交配不仅会妨碍小公猪本身的发育，缩短利用年限，同时所配母猪产仔数少，且体弱发育差，生长缓慢，长期下去还会造成猪群的退化。所以在性成熟期到来之前，应当公、母猪分群饲养，以防偷配。反之，如若小公猪性成熟后长期不使用，则会造成公猪的神情不安，也会影响正常发育。

由于猪品种和个体上的差异，再加上饲养管理条件的不同，小公猪开始配种的适宜年龄，不能简单根据年龄来推算，更重要的是根据精液品质来确定，只有精液品质达到交配或输精的要求，才能确定其适配年龄。有资料表明，9 月龄以前精液品质较差，2～3 岁时精液品质最好。因此，小公猪的初配年龄至少不能小于 9 个月。适宜的初配年龄，一般以品种、年龄和发育情况（体重大小）来确定。生长发育正常的大型培育品种公猪，应在 10～12 月龄，体重最好能达到 110～120 千克，占成年体重的 50％以上；小型早熟品种适配年龄可适当提前，应在 8～10 月龄，体重 60～70 千克时开始初配。

（二）后备母猪 达到性成熟的小母猪，虽有配种要求和受胎的可能，但不可过早配种。配种过早不仅产仔数不高，而且影响小母猪本身的发育。但配种过迟，则空怀时间长，增加了育成期的费用，在经济上是不划算的。后备母猪达到性成熟年龄，体成熟程度（体重大小）对繁殖有很大影响。一般培育品种及其杂种后备母猪以初配年龄不早于 8 个月，体重不低于 90 千克为宜。早熟品种不早于 6 月龄，体重不低于 60 千克为宜。对于生长发育正常的后备母猪而言，通常以初情期后间隔 1 个或 2 个情期配种为宜，即初情期后 1.5～2 个月时的年龄称为适配年龄。

二、母猪发情鉴定

发情鉴定的目的是为了预测母猪排卵的时间,并根据排卵时间而准确确定输精或交配时间。由于母猪发情征状十分明显,一般猪场主要采用直接观察法和压背法。在规模化养猪场常采用试情公猪进行试情,或者采用播放公猪“求偶曲”的录音,观察母猪对声音的反应等。

(一)直接观察法 观察母猪阴门的外部变化,是发情鉴定最简便而有效的方法。一般地方品种和杂种母猪的发情行为表现比高度选育品种更为明显。观察法主要是根据母猪阴门及阴道的红肿程度和阴道黏液的分泌情况,再结合其行为表现即可判定母猪的发情程度。我国农村有“阴户沾草,输精正好;黏液变稠,正是火候”的说法,这是通过长期直接观察法做出的精辟总结。

(二)压背法 压背法也是检查发情母猪可否配种的简单易行、直观有效的一种方法。为了提高受胎率和产仔数,在生产实践中,当用手按压母猪背部时,表现呆立不动(亦称静立反应、压背反射等,见图 4-1),呈现出接受交配姿势,说明发

图 4-1 压背反应

情母猪已到了交配(输精)的适宜时间。农谚说得好:“神情发呆,输精受胎;站立不动,正好配种”,这形象地说明了母猪发情的特征。

(三)试情公猪法 现代化养猪场饲养母猪头数较多,对母猪采用群饲,故准确掌握每头母猪发情开始时间较难,为防止个别母猪漏配,常利用试情公猪,每天早、晚各试情1次。如发现母猪呆立不动,并接受公猪爬跨,再结合母猪的阴门及“压背反射”可准确判断其是否真正发情。

(四)外激素法 外激素法是近年来发达国家养猪场用来进行母猪发情鉴定的一种新方法。它是采用人工合成的公猪性外激素,直接喷洒在被测母猪鼻子上,如果母猪出现呆立、压背反射等发情特征,则确定为发情。这种方法简单,避免了驱赶试情公猪的麻烦,特别适合于规模化养猪场使用。

三、适宜配种时间

公、母猪交配时间是否适当,是决定能否受胎与产仔数多少的关键。要做到适时配种,首先要根据母猪发情排卵规律,并根据两性生殖细胞在母猪生殖道内存活的时间全面地加以考虑。

如前所述,公、母猪交配后,精子和卵子在输卵管上端结合。母猪一般在发情开始后24～36小时排卵,卵子在输卵管中8～12小时内具有受精能力。公猪精子在母猪生殖道内需经过2～3小时游动才能到达受精部位,一般能存活10～20小时。据此推算,适宜配种时间是在母猪排卵前的2～3小时,即在发情后的20～30小时。如配种过早,当卵子排出时,精子已失去受精能力;交配过迟,当精子到达受精部位时,卵子已失去受精能力。

要做到适时配种，应认真观察母猪开始发情时间，并做到因猪而异。我国地方猪种就年龄而论，老母猪发情持续时间短，配种时间可适当提前；幼龄母猪发情持续时间长，配种时间可适当推迟，故有“老配早，小配晚，不老不小配中间”的经验。不同猪种应区别对待，引入国外品种适当早配，地方猪种适当晚配，我国培育猪种和杂种母猪则居中。

母猪适宜配种的时间，还可根据母猪发情征状表现来决定。根据经验，当母猪阴户颜色由潮红变为淡红，肿胀刚开始消退，并开始出现皱纹，流出丝状黏液，按压母猪背腰或臀部时，表现呆立不动，出现“压背反射”，这即为配种最适宜的时间。

四、配种方式及方法

在掌握发情母猪适宜配种时间和拥有品质优良精液的公猪的同时，还需要采取正确的配种方法和技术，才能达到提高繁殖率的目的。

(一)配种方式 按照母猪一个发情期内配种次数，把配种方式分为单次配种、重复配种和双重配种。

1. 单次配种 简称单配。即在母猪发情期内，只用公猪交配 1 次。采用这一交配方式的优点是能减轻公猪的负担，可以少养公猪或提高公猪的利用率。但是由于最适宜的配种时间较难掌握，因此要求配种员或饲养员应具备一定的经验和知识，能够准确把握配种适期，否则就可能降低受胎率和产仔数。

2. 重复配种 简称复配。即在一个发情期内，先后用同一头公猪交配 2 次，这是在生产中采用最普遍的配种方式。一般是在第一次交配后，间隔 8～12 小时再配 1 次。这种方式可保证母猪生殖道内经常有生命力旺盛的精子存在，当卵子排出后，增加了受精的几率，从而提高受精率和产仔数。同时还不会混乱血缘关系，适合于育种场生产种用仔猪。

3. 双重配种　简称双重配。即在一个发情期内，用同一品种或不同品种的2头公猪，先后间隔10～15分钟各配1次。采用双重配种时，可促使卵子成熟，缩短排卵时间，增加排卵数，并可避免某一头公猪精液品质暂时降低所产生的影响，故双重配种能有效地提高受胎率和产仔数。但缺点是双重配会造成血缘混乱，不利于进行选种选配，故多用于杂交繁殖，生产肥育用仔猪；另外，也存在与单配相似的缺点，即确定配种适期问题。

(二)配种方法　配种方法有本交和人工授精两种。本交又分为自由交配和人工辅助交配。

1. 本交

(1)自由交配　简单地说，公、母猪合群饲养，待母猪发情后与公猪直接交配，或不进行人工辅助的公、母猪直接交配。这一方法存在很多缺点，在生产实践中已很少采用。

(2)人工辅助交配　为了达到理想的配种效果，必须重视交配场地的环境。交配场地应离公猪圈较远、安静而平坦的地方。配种时先将发情母猪赶到交配场所，用0.1%的高锰酸钾溶液擦洗母猪阴户、肛门和臀部，然后赶入与配公猪。当公猪爬上母猪背部后，再用上述消毒液擦净公猪的包皮周围和阴茎，防止阴道、子宫的感染。然后把母猪的尾巴拉向一侧，以便使阴茎顺利插入母猪阴道内，必要时可用手握住公猪包皮引导阴茎插入母猪阴道，对于青年公猪实施人工辅助尤为重要。

与配的公、母猪，体格最好大小相仿，如遇个体大小悬殊时，为保证顺利完成交配，应设置配种架，若无此设备，宜选择斜坡的地势配种，当公猪比母猪个体小时，公猪应站立高处；相反，则可让公、母猪的位置互换交配。

给猪配种宜选择早、晚饲喂前 1 小时或饲喂后 2 小时进行，群众有“配前不急喂，喂后不急配”的经验。此外，还应注意气候情况，冷天、雨天和风雪天应在室内交配；夏天则选择早晚凉爽时交配。交配后不宜马上喂食，夏天也不能马上洗澡，以免影响健康。

2. 人工授精　猪的人工授精，就是用人工的方法，把公猪的精液采出来，经过处理，再把它输入到发情母猪的子宫内，使母猪受胎的一种先进配种技术。

(1)猪人工授精的优、缺点　人工授精是一种先进的繁殖技术，是加快猪的繁殖和改良的一项行之有效的技术措施。其优点是：可以提高优良公猪的利用率，加速猪种改良，减少公猪饲养头数、栏舍面积和饲料消耗等，从而减少养猪成本，达到提高经济效益的目的；可以克服公、母猪体格大小相差悬殊造成的配种困难；可以克服地域限制，能使相距较远的公、母猪也能适时配种；可以防止公、母猪疫病的相互传播。

人工授精的缺点：如果本身生产水平不高，技术不过关，或一时疏忽，很可能造成母猪子宫炎、受胎率低和产仔数少的情况；一旦采用含有不良基因公猪的精液，就会扩大不良基因的使用范围；配种人员必须接受人工授精技术的训练；需要投资购置一套药械设备，建立人工授精工作室。为此，建议未曾开展人工授精工作的猪场，先学技术，再经过小规模人工授精试验，随着生产水平和技术的不断提高，逐步进行推广。

(2)提高人工授精受胎率的技术要点　从猪群生殖性能看，采用人工授精配种比自然交配受胎率略为低一些，但只要注意以下几个技术操作环节，母猪受胎率和产仔数都能达到自然交配的效果。

第一，避免精液污染。从采精到输精的各个技术环节，都要注意用具和器械的清洗消毒，以免污染精液。为此，器材可先用肥皂水或碱水洗净污垢，再用温开水洗干净，置室内晾干。布类、玻璃和橡胶器材用蒸汽消毒 30～40 分钟。玻璃、橡胶、金属器材的临时消毒用酒精，待酒精充分挥发后再使用。

第二，精液品质要符合要求。对公猪的精液品质要进行严密检查，其主要项目有：精液量、颜色、气味、精子密度、精子活力、畸形精子率等。凡精液呈红褐色或黄绿色，有臭味的不能使用；一般精子活力不低于 0.7，凡低于 0.5 的不能使用；精子密度为“稀级”的不能使用；畸形精子率不能超过 20%，否则不能使用。总之，要严格把关，保证输精精液的高质量。

第三，准确判定母猪输精时间。在本交时，母猪发情配种是否适时，在很大程度上依靠公猪掌握，但在人工授精时，适宜的输精时间，则全凭人为的观察和判断。其判断方法与本交相同。通常当发情母猪上午出现“呆立反射”时，下午输精；下午出现“呆立反射”，则第二天上午输精。为了保证受胎率和产仔数，需在第一次输精后，间隔 8～12 小时重复输精 1 次。据研究，重复输精较单次输精其受胎率可提高 5.6%，产仔数提高 3.95 头。

第四，掌握适宜的输精量。猪的射精量多，精子密度比其他家畜小，一般以稀释 1～2 倍为宜，密度小者亦可不稀释。稀释后，每毫升精液应含有效精子数不低于 1 亿个，每次输精量达 20～30 毫升，其受胎效果才有保证。在生产实践中，输精量主要是根据精子活力、密度和母猪个体大小来确定的。

第五、输精操作要得当。输精是人工授精的最后一个步骤，也是成败的关键。猪在自然交配时，公猪的螺旋状阴茎旋转地插入母猪生殖道内，直至进入子宫颈，把大量精液直接射入子宫内。精液中的胶状物在子宫口或阴道内形成栓塞，防止精液倒流。模仿猪的自然交配，人工授精的正确输精方法是：输精前，先以 0.1% 的高锰酸钾溶液洗涤母猪外阴部，洗净擦干，待母猪静立不动后，在输精管前端涂抹少许消毒石蜡油，然后以左手将阴唇张开，右手持输精管缓慢地旋转着插入阴道，先倾斜 45°向上插进 10 厘米左右，再向水平方向推进，边逆时针捻转，边抽送，边插入，当插入 30 厘米左右感觉有阻力时，继续缓慢旋转同时前后移动，直到感觉不能再推进时，说明输精管已插入子宫颈，右手便可缓慢按压注射器，如发现精液倒流，应停止输精，来回活动一下输精管，待不倒流时，再继续输精，直至输完，再缓慢抽出输精管，整个输精过程大约 5～10 分钟。

第三节 猪的繁殖力

繁殖力是家畜维持正常繁殖功能生育后代的能力。对于种猪来说，繁殖力就是它的生产力。猪群的繁殖力直接表现在母猪群的繁殖力上，但公猪的繁殖力对总体生产水平的影响却不容忽视。

一、母猪年生产力

母猪的主要任务是繁殖仔猪，提供猪源。母猪年生产力就是每头母猪 1 年能提供的断奶仔猪数，这是养猪生产中的一项重要经济指标，它取决于产活仔猪数、哺育期死亡率和繁殖周期的长短。因此母猪年生产力是衡量母猪生产水平的客观指标，可以用以下公式来度量：

$$\text{母猪年生产力(头)}=\frac{\text{窝产活仔数}\times\text{仔猪哺育率}\times 365\text{(天)}}{\text{妊娠期(天)}+\text{哺乳期(天)}+\text{断奶至配种间隔(天)}}$$

母猪年生产力的高低，直接关系着养猪成本的大小。母猪是生产商品肉猪若干固定成本中的重要组成部分，它的繁殖力提高后，可在不增加母猪存栏数与不降低出栏率和出栏数条件下，减少饲养量，从而节省饲料，减少猪圈、设备和劳力，母猪年提供的仔猪越多，由每头仔猪所分摊的母猪生产成本也就越低，而利润则越高。如有资料表明，当每头母猪年产22头仔猪时的总盈利为100%，而年生产14头时，总盈利将由100%降低至30.8%。

二、影响母猪年生产力的因素

母猪年生产力是一个综合指标，由前述公式可见，它包括妊娠期、哺乳期、断奶至配种的间隔时间、初生时产活仔数和初生至断奶的成活率等。为直观起见，现将影响母猪繁殖力的主要因素列入图4-2。

由图4-2可见，影响母猪繁殖力的因素很多，除母猪妊娠期不可能有较大改变外，其余的因素都可能发生改变，尤其是哺乳期对母猪年繁殖力的影响最大。这些因素中，一部分是属于饲养管理方面的，如哺乳期、断奶至配种的间隔时间和哺乳期的仔猪成活率等；而有的则是属于遗传或品种方面的因素，如产仔数。

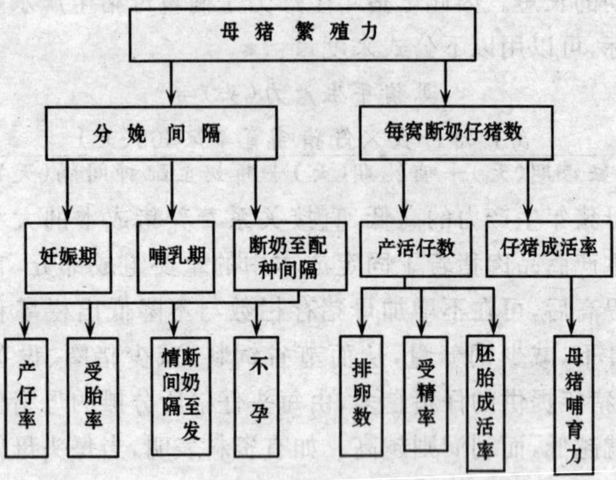

图 4-2 影响母猪繁殖力的主要因素

三、提高母猪年生产力的主要途径

从母猪年生产力计算公式来看，除妊娠期不会有较大变化外，窝产活仔数、哺乳期育成率、哺乳期和断奶至配种的间隔天数是可变因素，它们将决定母猪年生产力的高低，因此提高母猪年生产力的主要途径有以下 3 个方面。

(一)提高窝产仔数 由图 4-2 可见，母猪一窝产仔数的多少，取决于排卵数、卵子受精率和胚胎成活率。

1. 排卵数 母猪在 1 次发情期中的排卵数一般为 10～25 枚，有的猪种还要高。排卵数与品种和胎次有着密切关系，如中国猪种的排卵数，初产母猪平均为 17.21 枚，经产母猪为 21.58 枚；而外国猪种初产猪平均为 13.5 枚，经产猪为 21.4 枚。大白猪平均排卵数为 16.7 枚，长白猪为 15.22 枚，杜洛克为 11.5 枚。在中国猪种中，品种间的差别也很大，如二花脸猪平均排卵数为28枚，嘉兴黑猪为25.68枚，内江猪平均为15枚。据报道，从初情期起，头7个情期，每个情期大约可以提高1枚排卵数，而营养状况好有利于增加排卵数，产后哺乳期适当和产后第一次配种时间长也有利于增加排卵数。又如嘉兴黑猪在冬季(11月至翌年2月)排卵数为23.33枚，而在夏、秋季(8～10月份)则为34.4枚，可见母猪排卵数还受气温的影响。

2. *提高受胎率*　为了提高母猪的受胎率，首先是要提高公猪的精液品质，同时还要适时配种与正确实施配种技术。

为保证公猪精液品质，实行人工授精时，每次采精都要检查精液品质。如采用本交，每月也要检查1～2次精液品质，特别是后备公猪开始使用前和种公猪由非配种期转入配种期之前，都应检查精液2～3次，严防异常精液和死精公猪配种。种公猪应定期称量体重，可检查其生长发育和体况。根据公猪的精液品质和体重变化，及时调整日粮的营养水平和饲料喂量。

公、母猪交配时间是否适当，是决定能否受胎和产仔数多少的关键之一，可通过试情、外部观察和压背等方法鉴别发情母猪，做到适时配种。通常采用重复配种和双重配种可明显提高受胎率和产仔数。在人工授精中，输精量和有效精子数与受胎率有关，一般有效精子数越多，受胎效果越好。若不顾精子密度和有效精子数，而采用高倍稀释精液，会影响受胎率。一般来说，精液在常温条件下保存时间越长，受胎率越低。交配(或输精)过晚，会导致正常受精率下降，胚胎死亡率增加。

3. *减少胚胎死亡*　如前所述，有30%～40%的受精卵在胚胎发育中途夭亡。造成胚胎死亡的原因很多，目前还不可能把那些具有致死遗传性状的胚胎救活，但是通过合理的饲养管理，创造良好的环境条件，可以把胚胎损失降到最低限度。为了保证胎儿的成活，对妊娠母猪的饲养，除了按饲养标准配合全价饲粮外，不宜喂给发霉、腐败、变质、冰冻和具有毒性的饲料。在管理上，对妊娠母猪应防挤、防跌、严禁鞭打。因高温会降低活胎数，故在高温季节妊娠的头 3 周应保持凉爽，以免热应激导致的胚胎死亡。

(二)提高断奶窝重 断奶窝重是指断奶时全窝仔猪的总重量。国外仔猪断奶时间较早，为 21 天或 28 天；我国农村一般在 45～60 天断奶。近年来在一些集约化猪场已采用 28 天或 35 天断奶。断奶窝重与初生仔猪数、仔猪初生重、断奶仔猪数、断奶成活率、哺乳期增重和断奶个体重等性状都呈显著相关，因此是评定母猪繁殖性状的一个最好指标。

1. 断奶成活率 又称育成率或哺育率，即断奶时一窝育成仔猪数占产活仔猪数的百分比。断奶窝重与断奶成活率密切相关。因此，减少哺乳仔猪的死亡，提高断奶成活率，是提高断奶窝重的关键之一。

(1)抓好初生仔猪的护理 初生仔猪的特点是对周围环境反应能力差，行动不稳健，对寒冷和疾病抵抗力弱，是容易发生死亡的阶段。饿死、压死和冻死是初生仔猪死亡的主要原因。加强护理工作，避免或减少初生仔猪的死亡，是提高仔猪断奶成活率的关键措施之一。为此，应做到如下几点：①确保仔猪尽快吃足初乳；②做好固定奶头的工作；③采取有效的保温防寒措施；④严防踩死、压死仔猪；⑤及时补充铁、铜、硒等必需的微量元素；⑥免疫接种，预防仔猪腹泻和其他传染病。

(2)为仔猪创造良好的生活环境 仔猪体弱，抵抗力差，需要一个良好的生活环境。温暖、干燥、清洁的生活环境是减少疾病、有利仔猪生长的重要条件。低温和潮湿是影响仔猪生长和造成死亡的重要原因，经常保持圈舍清洁干燥，定期消毒，减少仔猪遭受疾病侵袭的危险。高床培育仔猪使其离地培育，避免仔猪被污染，是减少疾病感染、减少仔猪死亡的一项有效措施，在仔猪养育中应给予重视和推广。

2. 断奶个体重　断奶个体重是指仔猪断奶时的个体体重。断奶窝重是同窝断奶仔猪个体重的总和，因此二者密切相关。仔猪断奶前的生长好坏，主要取决于母猪的泌乳力和补料的早晚。

(1)母猪泌乳力　在常规饲养情况下，仔猪在 20 日龄以前，主要依靠母乳维持生活，往后逐渐由饲料代替。由于母乳中含有仔猪所需要的多种营养物质，是哺乳仔猪不可缺少的惟一的食物来源。母猪泌乳量高，仔猪在 21 日龄前生长发育好，体重大，发育健壮的仔猪成活率高，断奶个体重大，于是断奶窝重亦大。因此，提高母猪泌乳力，就成为提高断奶窝重的关键措施之一。为提高母猪的泌乳量，可采用如下几方面的技术措施：做好母猪产前减料，产后逐渐加料的工作；适当增喂优质的青绿多汁饲料；适当补喂鱼粉等动物性饲料；对产后无奶母猪，要分析无奶原因，采取相应措施，促进母猪下奶；创造良好的生活环境，提高母猪泌乳力。

(2)提早补料　由于母猪泌乳量一般是在产后 3～4 周达到高峰期，以后就逐渐下降，而仔猪却越长越大，对营养的需要越来越多，于是出现仔猪营养需要与母乳营养供应不足的矛盾，如不及时补料，就会阻碍仔猪的生长发育，甚至形成僵猪。同时，提早训练吃料，可以锻炼胃肠道的消化能力，是提高仔猪断奶体重的关键技术措施。

训练仔猪吃食，最好是从7～10日龄开始。实践证明，早补料要比晚补料效果好，仔猪断奶体重可提高30%以上。训练仔猪开食的常用方法有：利用仔猪出来活动或熟悉环境的机会，训练开食；在母猪吃料时，带仔猪学着吃；将大仔猪和未开食仔猪关在同一补料间，由大带小，学会吃食；当仔猪啃食异物或拱掘土壤时，将开食料撒在仔猪活动的地方，训练开食。根据仔猪的习性，开食料宜用具有香味或甜味的粒状饲料，如用炒熟的豌豆、黄豆、玉米等。

仔猪通过诱饲开食后，进入采食旺期，应加强旺食期补料，仔猪采食饲料量越多，断奶体重越大。仔猪的补饲要注意饲料配合、饲料调制和饲喂方法。配合仔猪饲料，应选用适口性好、营养丰富、易消化的原料来配合；饲料搭配要多样化，以保证营养物质达到要求的营养水平，即接近母乳营养水平。其配合料不能全靠植物蛋白供给，最好给以一定数量鱼粉、骨肉粉、脱脂奶粉、血粉等动物性饲料。为了提高饲料适口性和能量水平，国外一般采用添加糖和脂肪的办法。另外，还应添加微量元素和维生素，以满足仔猪的营养要求。目前还普遍添加有机酸、抗生素、益生素、酶制剂等，对提高仔猪饲料利用率、促进生长和减少疾病方面，都表现出非常显著的效果。按照仔猪采食习性，以制成颗粒或湿拌料为宜，但切忌用稀料饲喂仔猪。根据仔猪的消化特点，一般以使用自动饲槽为宜，令其自由采食，饮水器内饮水，若安装自动饮水器，能有效地保证饮水清洁卫生。

(三)仔猪早期断奶 提高母猪年生产力的另一个重要途径是提高母猪年产仔窝数。

母猪年产仔窝数＝365(天)/繁殖周期(天)

式中繁殖周期是妊娠期、哺乳期及空怀期之和，三者中妊娠期是个常数(114天),变化幅度很小;而在正常情况下,空怀期也较短,调整余地有限,所以只有缩短哺乳期,实行早期断奶,才能缩短繁殖周期,提高母猪利用强度,增加年产仔窝数。

1. 早期断奶的优点　仔猪实施早期断奶,能提高养猪的生产力,这已为国内外大量的实践所证明。

(1)增加母猪年产仔窝数和产仔数　过去我国传统的养猪生产中,仔猪大都是60日龄断奶,若1头母猪每胎能育成10头断奶仔猪,它完成1个繁殖周期共需181天(60天+7天+114天)。1头母猪1年只能生产2胎(365天/181天=2)20头仔猪。如把哺乳期减少到35天,则繁殖周期缩短为156天(35天+7天+114天),母猪则年可生产2.3胎(365天/156天=2.3)共23头仔猪(2.3胎×10头)。也就是说,由过去的60天改为35天断奶,则每头母猪每年多生产3头仔猪。

(2)提高了饲料利用效率,节省了饲料消耗　哺乳母猪采食的饲料转化为乳汁,仔猪再吸食母乳,其饲料利用率仅为20%左右;而仔猪直接进食饲料转化为增重,少了一次转化过程,使其利用率提高到50%~60%。可见,仔猪早期断奶后可直接利用饲料,比通过母乳再利用的效率高。同时,由于早断奶,母猪哺乳期失重减少,减少了哺乳后期的投料量,并且可缩短断奶至配种的间隔时间。

(3)有利于仔猪的生长发育　断奶后完全根据仔猪的营养需要配制饲料,任其自由采食,不受母猪泌乳下降或营养不全的影响。在人为控制环境中养育,可促进仔猪的生长发育,避免僵猪的出现,减少仔猪的患病和死亡。

(4)提高猪舍和设备的利用率　仔猪早期断奶可提高产

仔栏圈的利用率，充分发挥相关设备的利用潜力，降低养猪生产成本。

2. 早期断奶的适宜日龄　仔猪早期断奶的适宜日龄，应从母猪和仔猪的生理特点和技术条件考虑。首先，母猪泌乳高峰期是分娩后3～4周，仔猪4～5周龄时已利用了母猪泌乳量的60％以上，自身的消化功能在增强，有一定的抵抗力，可以从饲料中获得所需营养物质，因此在4～5周龄、体重达6～7千克时即可断奶。其次，就技术条件而言，断奶越早，对饲料营养和温度调控等培育条件要求越高，培育成本也相应增加。到4～5周龄时，仔猪对培育条件的要求与60日龄时相近。从上述两方面来考虑，目前在条件较好的猪场，以4～5周龄断奶为宜，一般猪场则以5～6周龄断奶为宜。多数人认为，在较好的条件下。适宜的哺乳期为35天。

3. 早期断奶仔猪的养育　仔猪断奶时的日龄越小，消化功能越弱，抵抗力越差。为使早期断奶获得成功，必须根据仔猪消化生理特点，科学配制饲粮，合理地进行饲养管理。

(1)合理配制饲粮　养好早期断奶仔猪的关键是配制饲粮。仔猪在哺乳期得到的母乳是一种营养全面的食物，断奶后，仔猪只能从饲料中得到所需营养物质，故要特别注意饲料营养物质的全价性，适口性好，易消化，多数早期断奶仔猪饲粮中都加了全脂奶粉、脱脂奶粉或乳清粉，辅以玉米、大豆粕及矿物质、维生素、有机酸、酶制剂、益生素等，以确保仔猪的正常生长发育。

(2)创造良好的环境条件　早期断奶仔猪，对环境的适应性和对疾病的抵抗力都较差，所以早期断奶仔猪的养育，除了饲料之外，创造一个良好的生活环境，是培育成功的重要条件，特别要注意圈舍温度，增添有效的保温设施，如采用保育箱、红外线灯、电热板等取暖。同时，必须保持圈舍地面干燥、空气新鲜，定期清圈消毒工作也绝对不可忽视。

第五章　种猪的营养需要和饲养标准

第一节　种猪的营养需要

饲养种猪的目的就是使其不断提供大量的断奶仔猪，进一步提供充足的商品肉猪。种猪是生产和哺育仔猪的“机器”，饲料就是生产的“原材料”，仔猪就是“产品”。种猪为了维持生命、生长和繁殖所需要的营养物质，除水分之外，其他营养素都来源于猪所采食的饲料中。因此，要养好种猪就必须掌握其不同生理阶段的营养需要，采取科学的饲养，来保障其所需的各种营养物质，使种猪能够充分地发挥生产潜力，从而达到理想的生产效果。

一、种公猪的营养需要

种公猪是指已经参与配种繁殖仔猪的公猪。为了保证公猪具有健壮结实的体质和旺盛的性欲，且精液品质优良，合理的营养水平是关键。种公猪和其他种公畜比较，具有射精量大、总精子数多、交配时间长等特点。公猪一次射精量平均为250毫升，高者可达500毫升以上，总精子数250亿个，比其他家畜都多。精液中水分占97%，粗蛋白质占1.2%～2%，粗脂肪占0.2%，灰分等占0.9%。另外，公猪是多次射精的家畜，每次交配的时间又长，平均为10分钟左右，有些甚至长达15分钟以上，比其他家畜都长，这就需要消耗较多的体力。为了保持公猪的种用体况（不肥不瘦）和产生量多质优的精液，就要全面满足公猪对能量、蛋白质、矿物质和维生素的需求。

（一）能量 种公猪能量需要是维持需要、配种活动、精液生成及生长需要的总和。种公猪每天能量需要量与其年龄、体重、配种频率、配种时活动量的大小及其所处的环境温度有关。例如，非配种期能量需要为维持需要的 1.2 倍，配种期则为维持需要的 1.5 倍；舍温较最适温度每下降 1℃，则每天能量摄入量应增加 3%左右。为了保持种公猪良好的体况从而保证良好的繁殖性能，其饲粮能量水平应适宜，不能长期饲喂高能量饲粮。否则，公猪体内沉积脂肪过多而肥胖，性欲减弱，精液品质下降；相反，如果能量水平过低，可使公猪体内脂肪、蛋白质耗损，形成氮、碳代谢的负平衡，公猪变得过瘦，则射精量少，精液品质差，同样影响配种受胎率。一般以每千克饲粮含消化能 12.55 兆焦为宜。

（二）蛋白质 猪精液干物质的 60%以上为蛋白质。因此，蛋白质对增加精液量、提高精液品质和延长精子存活时间，有着直接的影响。有试验指出，用低蛋白质饲粮（标准定额的 67%～69%）饲喂种公猪，其射精量减少 10.3%，精子活力降低 22%～25%，畸形精子增加 60%～65%。公猪饲粮一般应含有 12%～14%的粗蛋白质。形成精液的必需氨基酸有赖氨酸、色氨酸、胱氨酸、组氨酸、蛋氨酸等，尤其是赖氨酸更为重要。饲粮中缺乏赖氨酸，可使精子活力降低；缺乏色氨酸可使公猪睾丸萎缩，出现死精症；缺乏苏氨酸和异亮氨酸时则公猪食欲减退，体重减轻，配种能力下降。因此，喂给公猪的饲粮，不但要注意蛋白质的数量，更应注意蛋白质的质量。如配种旺季公猪的饲粮中，应加喂鱼粉、血粉、鸡蛋等动物性蛋白质，会有效改善公猪精液品质。

(三)矿物质 矿物质对公猪精液品质同样具有很大影响,钙、磷不足,会影响公猪正常代谢,使性腺发生病变,精子活力降低,出现死精、发育不全或活力不强的精子。公猪饲粮中含有0.66%～0.75%的钙、0.53%～0.6%的总磷(有效磷0.33%～0.35%)即可满足需要。谷类及其副产品(麸皮、油饼等)中磷多钙少,饲喂这类饲料时,一般磷不会缺乏,主要是注意钙的补充。饲粮中的钙、磷比例以1～1.2∶1为宜。食盐含量以0.35%为宜。微量元素锌在公猪饲粮中应有足够的含量,以保证睾丸的正常发育。铁、铜、硒等也间接或直接地影响精液品质,饲粮中不可缺少,对有毒的微量元素在补加时应注意中毒剂量。

(四)维生素 维生素对公猪精液品质也有很大影响,特别是维生素A、维生素D、维生素E等。当日粮中维生素A缺乏时,公猪睾丸易肿胀、萎缩、性功能衰退,精液品质下降,长期缺乏会丧失繁殖能力。维生素D缺乏时,影响对钙、磷的吸收利用,间接影响精液品质。维生素E缺乏,则睾丸上皮变性,导致精子形成异常。当经常保证新鲜青绿多汁饲料供应时,一般不会引起维生素缺乏,每天能在户外晒1～2小时的太阳,可将皮内7-脱氢胆固醇转化为维生素D,即可满足其需要。

二、种母猪的营养需要

种母猪是指已经参与配种繁殖仔猪的母猪。猪的繁殖是个复杂的生理变化过程,不同的生理阶段对营养的要求不同。种母猪因妊娠、产仔等生理变化较大,故分为空怀、妊娠和泌乳3个阶段。

(一)空怀母猪的营养需要 经产母猪空怀期很短。仔猪断奶后能否正常发情，主要是要看饲养管理是否得当。经产母猪常年处于紧张的生产状态，应保证供给全面而必需的营养物质，使之恢复到适度的膘情。空怀母猪在配种准备期要特别重视蛋白质、矿物质和维生素的供给。

配种准备期饲粮蛋白质的供应，不仅要保证数量，而且还要注意质量。一般要求每千克日粮粗蛋白质含量应在 12% 以上，如蛋白质不足或品质不佳，不仅影响卵子的正常发育和减少排卵数，而且受胎率低。蛋白质品质的好坏，取决于日粮中能否提供足够的必需氨基酸。

母猪对钙的供应极为敏感，当饲粮中供给不足或钙磷比例失调时，会影响受胎率，降低产仔数。饲粮中通常不会缺磷，要特别注意钙补充，钙的水平应达到 0.7%，磷 0.5%。食盐必不可少，应予补充。

维生素对母猪繁殖力影响很大，日粮中维生素 A 不足，会降低性功能的活动、影响卵泡成熟和受精卵的着床。倘若缺乏维生素 D，会影响钙、磷吸收并造成代谢紊乱。缺乏维生素 E 会导致不育。

实践证明，母猪过肥比瘦的危害更大。因此，饲粮中的能量应适宜，为了防止空怀母猪过肥，饲料的能量水平不宜太高，每千克配合饲料含 11.7 兆焦即可。

(二)妊娠母猪的营养需要

妊娠母猪是指从配种妊娠开始至分娩这一生理阶段的母猪。母猪妊娠期一般为 111～117 天，平均为 114 天。母猪妊娠以后，在生理上发生了显著变化，随着孕期的进展，其代谢活动加强，体重增加。妊娠母猪摄入的营养物质除用于自身的需要外，主要用于胎儿正常生长发育。这个时期的营养物质供应非常重要，适宜的营养水平，能保证胚胎的正常发育，提高仔猪初生重、出生后的生活力和日增重，同时为母猪分娩后泌乳进行营养储备。

1. 能量　大量研究证明，妊娠母猪因体重和营养状况不同，能量供给大致应保持在每日每头 20～27 兆焦消化能范围内。妊娠母猪由于存在妊娠合成代谢，若供给较高水平能量将会造成体脂沉积而导致体态过肥，从而影响正常繁殖，如死胎增加、产仔数减少、难产和泌乳降低等(表 5-1)

表 5-1　初配母猪妊娠初期能量水平对胚胎存活的影响

试验次数	配种后饲养天数	活胚数		活胚率(%)	
		限食(20.9MJ)	不限(38.1MJ)	限食(20.9MJ)	不限(38.1MJ)
13	25	9.7	9.9	77	74
12	28～31	11.6	11.8	78	74
15	37～43	9.3	8.8	80	69

据张永泰主编：高效养猪大全，205 页

一般来说，在一定限度内妊娠期能量水平对产仔数无影响。表 5-1 说明，高能量水平、特别是妊娠初期高能量水平会导致胚胎死亡率增加。妊娠初期降低能量水平，不仅无害，而且有利于胚胎的成活。过去有关妊娠母猪的能量需要，因强调妊娠期储备能量供作产后泌乳之用，所以往往超过了需要量上限。然而，尽管妊娠母猪具有较高的能量利用效率，但若以妊娠期沉积的能量供哺乳期利用，则因体内储能及储能转化利用过程中均要损失相当数量能量，从而造成无谓的能量损耗。因此，现今在母猪繁殖周期中采用“低妊娠、高泌乳”，即限制妊娠期的能量供给，一般使妊娠增重控制在 30～40 千克，到泌乳期增加能量供给，对母猪生产较为有利。近 40 年来随着母猪营养需要研究的进展，妊娠母猪能量供给已趋向降低至合理水平，这样即能节省饲料，又不影响胎儿发育，还能保证泌乳期的正常食欲。例如，美国 NRC 标准规定的妊娠母猪能量水平(消化能/天)已由 1950 年的 38～47 兆焦，削减了 31%～40%。

我国饲养标准将妊娠母猪分为小型和大型两类，小型按体重分为 90 千克以下与 90～120 千克两档，大型则分为 120～150 千克和 150 千克以上两档。妊娠母猪能量需要(消化能/天)，妊娠前期小型猪为 17.57～19.92 兆焦，大型猪为 22.26～23.43 兆焦；妊娠后期小型猪为 23.43～25.77 兆焦，大型猪为 28.12～29.29 兆焦。妊娠母猪饲粮，每千克含消化能 11.72 兆焦。

2. 蛋白质　母猪妊娠过程中，由于增加妊娠产物(胎儿、子宫、胎衣和胎水等)及妊娠储备的需要，故其营养需要总量远大于空怀母猪。日粮中适宜的能量和蛋白质水平，是保证胎儿正常生长发育和母猪适量增重的必要条件。妊娠母猪对蛋白质的需要，包括维持需要和妊娠需要两部分。维持需要部分约为 50～60 克，而妊娠需要则决定于妊娠产物沉积量和妊娠代谢强度。据测定，妊娠产物中平均含蛋白质 3 千克，即平均日沉积蛋白质 26 克。妊娠代谢在前期消耗蛋白质很少，后期则显著增多，每天需要量高达 50～65 克。根据上述参数，计算出蛋白质消耗量，妊娠前期为 86 克，妊娠后期为 151 克。饲粮蛋白质的生物学价值，在妊娠期若为 60%，消化率若为 80%，则每天需要 143 克可消化蛋白质，或 179 克粗蛋白质。妊娠后期蛋白质生物学价值明显提高，假如为 70%，消化率仍为 80%，最后 30 天每天需可消化蛋白质 216 克，或粗蛋白质 270 克。

我国猪饲养标准规定，妊娠母猪前期粗蛋白质占日粮风干物质的11%,后期占12%。对于不同体重即90千克以下、90～120千克、120～150千克和150千克以上的妊娠母猪,粗蛋白质的需要量(克/天)为:妊娠前期依次为165,187,209和220;妊娠后期相应为240,264,288和300。

对于妊娠母猪,除应满足蛋白质需要外,尚需满足其对必需氨基酸的需求。由于我国饲养妊娠母猪通常以谷实和糠麸作为基础饲料,因此赖氨酸经常为第一限制性氨基酸,蛋氨酸、苏氨酸和异亮氨酸等亦可能成为限制性氨基酸。我国现行妊娠母猪饲养标准中,仅规定了上述几种氨基酸的需要量,赖氨酸0.35～0.36%,蛋氨酸+胱氨酸0.19%,苏氨酸0.28%,异亮氨酸0.31%。其他定额略低于国外的推荐值。

3. 矿物质　妊娠母猪对矿物质的需要,取决于妊娠期间体内物质的沉积量。

(1)钙和磷　日粮中缺钙会影响胎儿的发育和母猪产后的泌乳。试验表明,母猪体内钙、磷的沉积量随妊娠进程而增加,因此对钙、磷的需要亦随胎儿的生长而增加,至临产前达到高峰。适宜的钙、磷比例为1～1.5∶1。在以精料为主的情况下,每千克日粮中,钙为0.61%,磷为0.49%。

(2)钠和氯　钠和氯通常均以食盐(氯化钠)作为补添物。妊娠母猪食盐需要量为日粮的0.32%。

(3)微量元素　能够直接或间接影响母猪正常繁殖功能的有铁、锌、铜、锰、碘、硒等。妊娠母猪每千克饲粮含量(毫克)分别为:铁65、锌4、铜42、锰8、碘0.11、硒0.13。

(4)维生素　我国对于妊娠母猪维生素需要量,普遍低于国外标准,鉴于我国养猪生产中,往往给妊娠母猪要饲喂一定数量青绿多汁饲料的特点,多种维生素的供应量普遍低于国外标准。为确保妊娠母猪需要,不仅应供给维生素A、维生素

D、维生素 E 及维生素 K 等 4 种脂溶性维生素，还需供给硫胺素、核黄素、尼克酸（烟酸）、泛酸、吡哆素、生物素、叶酸、维生素 B_{12} 和胆碱等水溶性维生素。其需要量如表 5-2 所示。

表 5-2 妊娠母猪维生素需要参考值

维生素	需要量	维生素（毫克）	需要量
维生素 A（国际单位）	2300～4800	泛酸（毫克）	8～12
维生素 D（国际单位）	200～1000	吡哆酸（毫克）	1.0
维生素 E（毫克）	10～35	生物素（毫克）	0.1～0.3
维生素 K（毫克）	0.5～2.0	叶酸（毫克）	0.3～0.5
核黄素（毫克）	3.0～3.75	维生素 B_{12}（毫克）	15～25
尼克酸（毫克）	10～20	胆碱（毫克）	500～1500

据吴晋强主编：动物营养学，258 页

（三）哺乳母猪的营养需要　哺乳母猪是指从分娩开始至仔猪断奶这一时期的母猪。母猪在泌乳期间负担很重，除了维持本身活动需要营养物质外，每天还要泌乳 5～8 千克，如果营养物质供应不足，为了维持和泌乳需要，就会动用自身的储蓄，必然会导致失重（掉膘）现象。失重多少和泌乳期营养水平和母猪采食量有很大关系。母猪 60 天泌乳期失重约为产后体重的 20%～30%。产后第一个月泌乳量高，体重下降亦多，约为全期失重的 70%～80%。泌乳期如果营养物质供给不足，母猪失重太多，会影响断奶后的发情配种。因此，应将泌乳期母猪的失重率控制在 15%～20%范围以内，以利于缩短断奶至配种的间隔时间，顺利进入下一个繁殖周期。哺乳母猪的营养需要是根据本身维持需要、哺乳仔猪数、泌乳量、猪乳化学成分和营养物质转化成乳成分的效率来确定的。

1. 能量　泌乳母猪能量代谢旺盛，对能量的需求量大。因此，对于母猪能量的供给如前所述，应是“低妊娠、高泌乳”

(妊娠 1/3,泌乳 2/3)。据研究,“低妊娠,高泌乳”对能量的利用效率较“高妊娠、低泌乳”高 39%。泌乳母猪的能量需要,是按维持需要和泌乳需要两部分来估计的,但初产母猪还要加上本身生长的需要。根据实际测定,猪乳平均每千克含能量 5.38 兆焦,按此计算,母猪每泌乳 1 千克需消化能 8.77 兆焦。我国对母猪泌乳需要按每哺育 1 头仔猪需消化能 4.49 兆焦估算。由于泌乳母猪体重不同,每天消化能需要量不同。按我国猪饲养标准,哺乳母猪的体重(千克)分为:120 以下,120~150,150~180 和 180 以上 4 个档次,每天每头消化能需要量依次为:58.24 兆焦、60.67 兆焦、63.1 兆焦和 64.31 兆焦。泌乳母猪受胃肠容量制约,难以采食到足够数量的饲料来充分满足泌乳需求,所以必须动用体脂,用以补充摄入能量的不足。故在生产实践中,经常见到泌乳母猪体重大幅度减轻的情况。

2. 蛋白质　泌乳母猪对蛋白质的需要,同样包括维持需要和泌乳需要两部分。母猪维持需要每天平均 86 克可消化粗蛋白质或 108 克粗蛋白质。泌乳需要则取决于泌乳量、乳蛋白质含量及饲料蛋白质的利用效率。母猪每天泌乳量为 5~7 千克,猪乳蛋白质含量为 6%左右,那么每天要分泌乳蛋白质 300~420 克。据测定,饲料粗蛋白质消化率为 80%,可消化蛋白质转化为乳蛋白的效率平均为 70%。据此即可计算出泌乳母猪蛋白质的需要量。国外研究结果表明,泌乳母猪摄食蛋白质的适宜量为 650~800 克。我国猪饲养标准推荐的泌乳母猪粗蛋白质采食量,因体重大小不同而不同,为 672~742 克,相当于日粮含粗蛋白质 14%。

猪乳不仅蛋白质含量高,而且含有各种必需氨基酸,故品质优良。因此,在配合哺乳母猪日粮时,不仅要保证蛋白质的需要，还必须供给适当数量和比例的必需氨基酸。美国 NRC 标准(1998)列有全部 10 种必需氨基酸的需要量。我国饲养标准仅规定了赖氨酸、蛋氨酸+胱氨酸、苏氨酸和异亮氨酸。

3. *矿物质* 猪乳中总灰分约为 0.9%，泌乳母猪从乳中要排出大量的矿物质，为保证母猪正常泌乳，必须提供适量的矿物质，以供泌乳需要。

(1)钙和磷 泌乳母猪对钙、磷的需要量较多，是母猪泌乳期最重要的矿物质元素。猪乳中含钙约为 0.25%，含磷约为 0.166%。一头日泌乳 6 千克的母猪，每天随乳排钙 15 克，磷 10 克。哺乳母猪对钙、磷的吸收率按 50%计，则每天光用于泌乳就需要钙 30 克，磷 20 克。另外，母猪为了维持正常的新陈代谢还需要一定数量的钙和磷。如果日粮中钙、磷供应不足，母猪就要动用自身骨骼中的钙和磷，以供泌乳之需，结果会导致食欲减退，泌乳量下降，更严重者则会引起母猪产后瘫痪症。因此，泌乳母猪每头每天需供给 30.7～33.9 克钙和 21.6～23.9 克磷，每千克饲料中应含 0.64%的钙和 0.46%的磷。

(2)钠和氯 哺乳母猪对食盐的需要量大致为每 100 千克体重 12～15 克。食盐每头每日供给 22～24.4 克，相当于每千克饲料中含 0.44%。

(3)微量元素 因猪乳中含有多种微量元素，故每千克饲料中应含有铁 70 毫克，铜 4.4 毫克，锌 44 毫克，锰 8 毫克，碘 0.12 毫克，硒 0.09 毫克。

(4)维生素 各种维生素不仅为泌乳母猪本身所需要，同时也是猪乳的重要成分，仔猪生长发育所需的维生素几乎都是由母乳中获得。如果母猪缺乏维生素 A，会造成泌乳量和乳的品质下降；缺乏维生素 D，会引起母猪产后瘫痪。因此，在可能的条件下，应多喂些青绿多汁饲料，或者在饲粮中适量增加多种维生素添加剂，以满足泌乳所需。

三、后备猪的营养需要

后备猪是指从育成阶段结束养到开始配种以前留作种用的猪。公的叫后备公猪，母的叫后备母猪。培育后备猪的任务是获得体格健壮、发育良好、具有品种典型特征和高度种用价值的种猪。为了使养猪生产始终保持较好的生产水平，每年必须选留和培育出占种猪群 25％～30％的后备公、母猪，用来补充、顶替年老体弱、繁殖性能下降的种公、母猪。只有这样，整个猪场的水平才能逐年提高。

后备猪是成年猪的基础，它与商品猪不同。商品猪生长周期短(5～6 月龄)，抓住生长快的时期充分饲养，使其尽快达到上市体重，形成商品。而后备猪则要培育成优良种猪，不仅生存期长(3～5 岁)，而且要求体型外貌、身体各部位的发育具有种用特点。因此，饲养后备猪与肥育猪之不同点是，既要防止生长过快过肥，又要防止生长过慢发育不良。可见，后备猪的培育，要根据其生长发育特点和规律，在其生长发育的不同阶段，主要通过控制营养水平，改变生长曲线，加速或抑制猪体某些部位和器官组织的生长发育。

后备猪的特点是生长发育快(主要是长骨骼和肌肉)。为了使后备猪既能得到充分地生长发育，又不过肥，其日粮除了含有生长发育所必需的一切营养物质外，特别要充分满足对矿物质、蛋白质和维生素的需要，而对后备猪绝不能采取与肥育猪或成年猪相同的喂法。后备猪的营养需要，因其生长发育阶段不同而异。体重在 35 千克以前，每千克饲粮中含消化能 12.55 兆焦，粗蛋白质 16％；体重达 35～60 千克阶段，每千克饲粮的消化能则应降到 12.34 兆焦，粗蛋白质降到 14%；当 6 月龄以后，体重达 60～90 千克时，因后备猪开始大量沉积体脂肪，如不适时降低饲粮的能量水平，就会使后备猪过于肥胖，从而导致失去种用价值。因此，每千克饲粮含消化能为 12.1 兆焦，粗蛋白质 13%。

第二节　种猪的饲养标准

科学的饲养，是建立在合理利用饲料和满足猪体营养需要的基础上，既要充分发挥营养物质的作用和猪的生产潜力，又要符合经济生产的原则。按照饲养标准配制饲粮是实现科学饲养的依据。

一、饲养标准的概念

饲养实践中，要想以最少量、最经济的饲料来换取最大量的畜产品，就必须进行科学饲养。要实现科学养猪，首先必须有一个符合猪生理代谢与生产实际需要的饲养标准。猪的饲养标准化，是养猪生产现代化的标准之一，也是提高养猪生产水平和经济效益的重要手段。根据生产实践中积累的经验，通过一系列科学实验（如饲养试验、消化和代谢试验、屠宰试验等），科学地规定了不同类型、性别、年龄、体重、生产目的与生产水平的猪，每天每头应给予的能量、蛋白质等各种营养物质的数量，这种规定的标准，称为猪的饲养标准。

一个完整的饲养标准，包括两部分，一是猪的营养需要量，一是猪饲料营养成分与营养价值表。每类猪的营养需要量又分别规定了两个标准：一是日粮标准，规定每头猪每日要喂多少风干饲料，其中包括多少能量、蛋白质、矿物质和维生素等；二是饲粮标准，规定每千克饲粮中应含多少能量、蛋白质、矿物质和维生素等。在生产实践中，为方便起见，一般都是按后者为各类猪配合饲粮，再按前者规定的风干料日定额量饲喂，或采取不限量饲喂。

饲养标准中规定的能量和各种营养物质的需要量，只是指出猪对营养物质大致或概括的平均数，虽有一定的代表性，但在使用时应灵活应用，并根据生产情况作出适当调整。同时随着猪种的改良和生产性能的提高，饲养和营养科学的发展，在生产与科学实践的基础上需要不断加以充实和完善。

二、中国猪的饲养标准

(一)后备母猪饲养标准

后备母猪的日粮标准和饲粮标准，见表 5-3 和表 5-4。

表 5-3　后备母猪每头每日营养需要量

项　目	体重(千克)					
	小　型			大　型		
	10～20	20～35	35～60	20～35	35～60	60～90
预期日增重（克）	320	380	360	400	480	440
采食风干料(千克)	0.90	1.20	1.70	1.26	1.80	2.10
消化能(兆焦)	11.30	15.06	20.05	15.82	22.22	25.48
代谢能(兆焦)	10.46	14.23	19.25	14.64	20.71	23.81
粗蛋白质（克）	144	168	221	202	252	273
赖氨酸（克）	6.3	7.4	8.8	7.8	9.5	10.1
蛋氨酸+胱氨酸（克）	4.1	4.8	5.8	5.0	6.3	7.1
苏氨酸（克）	4.1	4.8	5.8	5.0	6.1	6.5
异亮氨酸（克）	4.5	5.4	6.5	5.7	6.8	7.1

续表 5-3

项目	体重(千克)					
	小型			大型		
	10～20	20～35	35～60	20～35	35～60	60～90
钙（克）	5.4	7.2	10.2	7.6	10.8	12.5
磷（克）	4.5	6.0	8.5	6.5	9.0	10.5
食盐（克）	3.6	4.8	6.8	5.0	7.2	8.4
铁（毫克）	64	64	73	67	79	80
锌（毫克）	64	64	73	67	79	80
铜（毫克）	4.5	4.8	5.1	5.0	5.4	6.3
锰（毫克）	1.8	2.4	3.4	2.5	3.6	4.2
碘（毫克）	0.13	0.17	0.24	0.18	0.25	0.29
硒（毫克）	0.14	0.18	0.26	0.19	0.27	0.32
维生素A(国际单位)	1400	1500	1900	1462	2016	2331
维生素D(国际单位)	160	210	220	224	234	242
维生素E(国际单位)	9	12	17	13	18	21
维生素K（毫克）	1.8	2.4	3.4	2.5	3.6	4.2
维生素 B_1（毫克）	0.9	1.2	1.7	1.3	1.8	2.1
维生素 B_2（毫克）	2.4	2.8	3.4	2.9	3.6	4.0
烟酸（毫克）	9.5	12.6	17.0	15.1	18.0	18.9
泛酸（毫克）	9.0	12.0	17.0	13.0	18.0	21.0
生物素（毫克）	0.08	0.11	0.15	0.11	0.16	0.19
叶酸（毫克）	0.50	0.60	0.80	0.60	0.90	1.00
维生素 B_{12}（微克）	12.0	12.0	17.0	13.0	18.0	21.0

表 5-4　后备母猪每千克饲粮养分含量

项　目	体重(千克)					
	小　型			大　型		
	10～20	20～35	35～60	20～35	35～60	60～90
消化能(兆焦)	12.55	12.55	12.13	12.55	12.34	12.13
代谢能(兆焦)	11.63	11.72	11.34	11.63	11.51	11.34
粗蛋白质(%)	16	14	13	16	14	13
赖氨酸(%)	0.7	0.62	0.52	0.62	0.53	0.48
蛋氨酸+胱氨酸(%)	0.45	0.40	0.34	0.40	0.35	0.34
苏氨酸(%)	0.45	0.40	0.34	0.40	0.34	0.31
异亮氨酸(%)	0.50	0.45	0.38	0.45	0.38	0.34
钙(%)	0.6	0.6	0.6	0.6	0.6	0.6
磷(%)	0.5	0.5	0.5	0.5	0.5	0.5
食盐(%)	0.4	0.4	0.4	0.4	0.4	0.4
铁(毫克)	71	53	43	53	44	38
锌(毫克)	71	53	43	53	44	38
铜(毫克)	5	4	3	4	3	3
锰(毫克)	2	2	2	2	2	2
碘(毫克)	0.14	0.14	0.14	0.14	0.14	0.14
硒(毫克)	0.15	0.15	0.15	0.15	0.15	0.15
维生素A(国际单位)	1560	1250	1120	1160	1120	1110
维生素D(国际单位)	178	178	130	178	130	115
维生素E(国际单位)	10	10	10	10	10	10
维生素K(毫克)	2	2	2	2	2	1
维生素B_1(毫克)	1	1	1	1	1	1
维生素B_2(毫克)	2.7	2.3	2.0	2.3	2.0	1.9

续表 5-4

项目	体重(千克)					
	小型			大型		
	10～20	20～35	35～60	20～35	35～60	60～90
烟酸(毫克)	16	12	10	12	10	9
泛酸(毫克)	10	10	10	10	10	10
生物素(毫克)	0.09	0.09	0.09	0.09	0.09	0.09
叶酸(毫克)	0.5	0.5	0.5	0.5	0.5	0.5
维生素 B_{12}(微克)	10.0	10.0	10.0	10.0	10.0	10.0

(二)妊娠母猪饲养标准

妊娠母猪的日粮标准和饲粮标准,见表 5-5 和表 5-6。

表 5-5 妊娠母猪每头每日营养需要量

项目	体重(千克)							
	妊娠前期				妊娠后期			
	90以下	90～120	120～150	150以上	90以下	90～120	120～150	150以上
采食风干料(千克)	1.50	1.70	1.90	2.00	2.00	2.20	2.40	2.50
消化能(兆焦)	17.57	19.92	22.26	23.43	23.43	25.77	28.12	29.29
代谢能(兆焦)	16.65	18.87	21.09	22.18	22.18	24.39	26.61	27.81
粗蛋白质(克)	165	187	209	220	240	264	288	300
赖氨酸(克)	5.30	6.00	6.70	7.00	7.20	7.90	8.60	9.00
蛋氨酸+胱氨酸(克)	2.90	3.20	3.60	3.80	3.80	4.20	4.50	4.70
苏氨酸(克)	4.20	4.80	5.30	5.60	5.60	6.20	6.70	7.00
异亮氨酸(克)	4.70	5.30	5.90	6.20	6.20	6.80	7.40	7.80
钙(克)	9.2	10.4	11.6	12.2	12.2	13.40	14.6	15.3
磷(克)	7.4	8.3	9.30	9.8	9.8	10.8	11.8	12.3
食盐(克)	4.8	5.4	6.1	6.4	6.4	7.0	8.0	8.0

续表 5-5

项　目	体重(千克)							
	妊娠前期				妊娠后期			
	90以下	90～120	120～150	150以上	90以下	90～120	120～150	150以上
铁(毫克)	98	111	124	130	130	143	156	163
锌(毫克)	63	71	80	84	84	92	101	105
铜(毫克)	6	7	8	8	8	9	10	10
锰(毫克)	12	14	15	16	16	18	19	20
碘(毫克)	0.16	0.18	0.21	0.22	0.22	0.24	0.27	0.28
硒(毫克)	0.20	0.22	0.25	0.26	0.26	0.29	0.31	0.33
维生素A(国际单位)	4800	5440	6100	6400	6600	7260	7920	8250
维生素D(国际单位)	240	272	304	320	320	352	384	400
维生素E(国际单位)	12	14	15	16	16	18	19	20
维生素K(毫克)	2.6	2.9	3.2	3.4	3.4	3.7	4.1	4.3
维生素B_1(毫克)	1.2	1.4	1.5	1.6	1.6	1.8	1.9	2.0
维生素B_2(毫克)	3.8	4.3	4.8	5.0	5.0	5.5	6.0	6.3
烟酸(毫克)	12.0	14.0	15.0	16.0	16.0	18.0	19.0	20.0
泛酸(毫克)	14.6	16.5	18.4	19.4	19.6	21.6	23.5	24.5
生物素(毫克)	0.12	0.14	0.15	0.16	0.16	0.18	0.20	0.20
叶酸(毫克)	0.75	0.85	0.95	1.04	1.00	1.10	1.20	1.30
维生素B_{12}(微克)	12	20	23	24	24	29	31	33

表 5-6　妊娠母猪每千克饲粮养分含量

项　目	妊娠前期	妊娠后期
消化能(兆焦)	11.72	11.72
代谢能(兆焦)	11.09	11.09
粗蛋白质(%)	11.0	12.0

续表 5-6

项　目	妊娠前期	妊娠后期
赖氨酸(%)	0.35	0.36
蛋氨酸+胱氨酸(%)	0.19	0.19
苏氨酸(%)	0.28	0.28
异亮氨酸(%)	0.31	0.31
钙(%)	0.61	0.61
磷(%)	0.49	0.49
食盐(%)	0.32	0.32
铁(毫克)	65	65
锌(毫克)	42	42
铜(毫克)	4	4
锰(毫克)	8	8
碘(毫克)	0.11	0.11
硒(毫克)	0.13	0.13
维生素 A(国际单位)	3200	3300
维生素 D(国际单位)	160	160
维生素 E(国际单位)	8	8
维生素 K(毫克)	1.7	1.7
维生素 B_1(毫克)	0.8	0.8
维生素 B_2(毫克)	2.5	2.5
烟酸(毫克)	8.0	8.0
泛酸(毫克)	9.7	9.8
生物素(毫克)	0.08	0.08
叶酸(毫克)	0.5	0.5
维生素 B_{12}(微克)	12.0	13.0

(三)哺乳母猪饲养标准

哺乳母猪的日粮标准和饲粮标准，见表 5-7 和表 5-8。

表 5-7　哺乳母猪每头每日营养需要量

项　　目	体重(千克)			
	120～150	150～180	180 以上	每增减 1 头仔猪(±)
采食风干料(千克)	5.00	5.20	5.30	
消化能(兆焦)	60.67	63.10	64.31	4.489
代谢能(兆焦)	58.58	60.92	62.09	4.318
粗蛋白质（克）	700	728	742	48
赖氨酸（克）	25	26	27	
蛋氨酸＋胱氨酸（克）	15.5	16.1	16.4	
苏氨酸（克）	18.5	19.2	19.6	
异亮氨酸（克）	16.5	17.2	17.5	
钙（克）	32.0	33.3	33.9	3.0
磷（克）	22.5	23.4	23.9	2.0
食盐（克）	22.0	22.9	23.3	2.0
铁(毫克)	350	364	371	
锌(毫克)	220	229	233	
铜(毫克)	22	23	23	
锰(毫克)	40	42	42	
碘(毫克)	0.60	0.62	0.64	
硒(毫克)	0.45	0.47	0.48	
维生素 A(国际单位)	8500	8840	9010	
维生素 D(国际单位)	860	894	912	
维生素 E(国际单位)	40	42	42	

续表 5-7

项　　目	体重(千克)			
	120～150	150～180	180 以上	每增减 1 头仔猪(±)
维生素 K(毫克)	8.5	8.8	9.0	
维生素 B_1	4.5	4.7	4.8	
维生素 B_2	13.0	13.5	13.8	
烟酸	45.0	47.0	48.0	
泛酸	50	52	53	
生物素	0.45	0.47	0.48	
叶酸	2.5	2.6	2.7	
维生素 B_{12}(微克)	65	68	69	

表 5-8　哺乳母猪每千克饲粮养分含量

项　　目	体重阶段(千克)
	120～180
消化能(兆焦)	12.13
代谢能(兆焦)	11.72
粗蛋白质(%)	14
赖氨酸(%)	0.50
蛋氨酸+胱氨酸(%)	0.31
苏氨酸(%)	0.37
异亮氨酸(%)	0.33
钙(%)	0.64
磷(%)	0.46
食盐(%)	0.44

续表 5-8

项　　目	体重阶段(千克)
	120～180
铁(毫克)	70
锌(毫克)	44
铜(毫克)	4.4
锰(毫克)	8
碘(毫克)	0.12
硒(毫克)	0.09
维生素 A(国际单位)	1700
维生素 D(国际单位)	172
维生素 E(国际单位)	9
维生素 K(毫克)	1.7
维生素 B_1(毫克)	0.9
维生素 B_2(毫克)	2.6
烟酸(毫克)	9
泛酸(毫克)	10
生物素(毫克)	0.09
叶酸(毫克)	0.5
维生素 B_{12}(微克)	13

(四)种公猪饲养标准

种公猪的日粮标准和饲粮标准,见表 5-9 和表 5-10。

表 5-9 种公猪每头每日营养需要量

项 目	体重(千克)		
	90 以下	90～150	150 以上
采食风干料(千克)	1.4	1.9	2.3
消化能(兆焦)	17.57	23.85	28.87
代谢能(兆焦)	16.86	22.89	27.70
粗蛋白质(克)	196	228	276
赖氨酸(克)	5.3	7.2	8.7
蛋氨酸+胱氨酸(克)	3.1	3.8	4.6
苏氨酸(克)	4.2	5.7	6.9
异亮氨酸(克)	4.6	6.3	7.6
钙(克)	9.2	12.5	15.2
磷(克)	7.4	10.1	12.2
食盐(克)	5.0	6.7	8.1
铁(毫克)	99	135	163
锌(毫克)	62	84	101
铜(毫克)	7	10	12
锰(毫克)	13	17	21
碘(毫克)	0.17	0.23	0.28
硒(毫克)	0.18	0.25	0.30
维生素 A(国际单位)	4943	6709	8121
维生素 D(国际单位)	248	336	407
维生素 E(国际单位)	12.5	16.9	20.5
维生素 K(毫克)	2.5	3.4	4.1
维生素 B_1(毫克)	1.3	1.7	2.1

续表 5-9

项目	体重(千克)		
	90 以下	90～150	150 以上
维生素 B_2(毫克)	3.6	4.9	6.0
烟酸(毫克)	12.5	16.9	20.5
泛酸(毫克)	14.8	20.1	24.4
生物素(毫克)	0.13	0.17	0.21
叶酸(毫克)	0.73	1.00	1.20
维生素 B_{12}(微克)	18.6	25.4	30.6

表 5-10　种公猪每千克饲粮养分含量

项目	营养水平
消化能(兆焦)	12.55
代谢能(兆焦)	12.05
粗蛋白质(%)	12.0(14.0)
赖氨酸(%)	0.38
蛋氨酸+胱氨酸(%)	0.20
苏氨酸(%)	0.30
异亮氨酸(%)	0.33
钙(%)	0.66
磷(%)	0.53
食盐(%)	0.35
铁(毫克)	71
锌(毫克)	44
铜(毫克)	5

续表 5-10

项目	营养水平
锰(毫克)	9
碘(毫克)	0.12
硒(毫克)	0.13
维生素 A(国际单位)	3531
维生素 D(国际单位)	177
维生素 E(国际单位)	8.9
维生素 K(毫克)	1.8
维生素 B_1(毫克)	2.6
维生素 B_2(毫克)	0.9
烟酸(毫克)	8.9
泛酸(毫克)	10.6
生物素(毫克)	0.09
叶酸(毫克)	0.52
维生素 B_{12}(微克)	13.3

第三节 种猪饲料经验配方

饲料是发展养猪业的重要物质基础之一。猪的饲粮应根据饲养标准所规定的能量、蛋白质和各种营养物质的需要量，挑选适当的饲料品种配合而成。饲粮中各种营养物质的种类、数量及其相互比例，必须满足猪在不同生理阶段的需要，如果配合比例不当，不是养分不足，就是浪费饲粮，影响经济效益。因此，在猪饲养标准中，对不同用途和不同生产水平的不同类型猪一天内应获得的有效营养物质的种类和数量，都做了具体规定。用配合饲料喂猪，即能降低消耗，又能增产、增效。所以，使用配合饲料是科学养猪的一项主要内容。

当前在养猪生产中除采用商品饲料外，很多猪场都是选用当地质优、价廉的原料，根据生产需要自行配制全价饲料，以达到降低生产成本的目的。现列举全国各地各类猪群饲料配方实例如下，供作自行配制饲料时参考。

一、种公猪饲料配方实例

种公猪饲料经验配方1～7，见表5-11。

表5-11　种公猪饲料配方

饲料及其营养成分	配合比例(%)						
	1	2	3	4	5	6	7
玉　米	28.9	43.0	49.0	50.0	43.0	60.0	64.0
大　麦	—	35.0	10.9	10.0	28.0	19.0	4.2
小麦麸	10.8	5.0	15.1	15.0	7.0	5.0	—
豆　饼	13.8	8.0	7.6	7.4	8.0	5.0	28.3
鱼　粉	—	—	3.0	3.0	6.0	7.0	1.0
干草粉	—	—	—	—	6.0	—	—
槐叶粉	—	8.0	—	—	—	3.0	—
高　粱	4.6	—	13.0	13.0	—	—	—
葵花籽饼	4.6	—	—	—	—	—	—
青贮玉米	16.1	—	—	—	—	—	—
酒　糟	18.1	—	—	—	—	—	—
石　粉	—	—	—	0.5	—	—	—
食　盐	0.5	0.5	0.4	0.4	0.5	0.5	0.5

续表 5-11

饲料及其营养成分	配合比例(%)						
	1	2	3	4	5	6	7
骨　粉	1.0	—	—	0.7	1.5	—	2.0
贝壳粉	0.6	0.5	—	—	—	0.5	—
微量元素添加剂	1.0	—	1.0	—	—	—	—
合　计	100	100	100	100	100	100	100
营养水平							
消化能(兆焦/千克)	12.18	12.18	13.25	12.26	12.68	12.75	13.73
粗蛋白质(%)	13.3	12.7	13.3	13.3	15.5	15.2	15.96
钙(%)	0.67	0.59	0.20	0.66	0.84	0.86	0.76
磷(%)	0.59	0.47	0.46	0.56	0.68	0.47	0.59
赖氨酸(%)	0.99	0.55	0.56	0.56	0.80	0.77	—
蛋氨酸+胱氨酸(%)	0.47	0.33	0.43	0.43	0.40	0.38	—

二、妊娠母猪饲料配方实例

妊娠母猪饲料经验配方 1～7,见表 5-12。

表 5-12　妊娠母猪饲料配方

饲料及其营养成分	配合比例(%)						
	1	2	3	4	5	6	7
玉　米	40.0	44.1	36.7	30.8	58.5	39.3	38.97
大　麦	10.0	27.3	28.0	28.0	—	—	—
小麦麸	17.0	6.9	8.0	5.0	7.0	8.06	14.02
豆　饼	11.0	5.9	5.0	4.0	17.0	2.48	7.01
鱼　粉	6.0	5.9	6.0	—	—	—	—

续表 5-12

饲料及其营养成分	配合比例(%)						
	1	2	3	4	5	6	7
干草粉	14.5	7.8	7.0	24.0	15.0	—	—
花生饼	—	—	7.0	6.0	—	—	—
高　粱	—	—	—	—	—	6.82	3.51
葵花籽饼	—	—	—	—	—	2.48	3.51
青贮玉米	—	—	—	—	—	12.77	10.05
酒　糟	—	—	—	—	—	25.23	19.83
食　盐	0.5	0.5	0.5	0.5	0.5	0.62	0.7
骨　粉	1.0	1.5	1.0	0.7	—	0.62	0.7
贝壳粉	—	—	—	—	1.0	0.62	0.7
多种维生素	—	0.1	0.3	—	—	—	—
微量元素添加剂	—	—	0.5	1.0	1.0	1.0	1.0
合　计	100	100	100	100	100	100	100
营养水平							
消化能(兆焦/千克)	11.51	12.68	11.83	10.78	13.21	11.83	11.75
粗蛋白质(%)	15.5	15.4	16.20	11.79	13.1	12.65	12.66
钙(%)	0.61	0.84	0.70	0.38	0.66	0.70	0.73
磷(%)	0.58	0.68	0.59	0.49	0.38	0.56	0.61
赖氨酸(%)	0.81	0.80	0.77	0.41	0.76	0.73	0.82
蛋氨酸+胱氨酸(%)	0.65	0.65	0.68	0.20	0.58	1.03	0.99

三、哺乳母猪饲料配方实例

哺乳母猪饲料经验配方1～16,见表5-13,表5-14,表5-15。

表 5-13　哺乳母猪饲料配方(一)

饲料及其营养成分	配合比例(%)				
	1	2	3	4	5
玉　米	59.0	47.5	37.0	60	45.99
大　麦	—	—	32.0	—	—
秣食豆	—	—	—	2.5	—
小麦麸	7.5	30.0	3.0	7.0	11.15
豆　饼	25.0	19.0	5.0	25.5	9.56
鱼　粉	—	—	6.0	—	—
干草粉	5.0	—	7.3	2.5	—
花生饼	—	—	7.0	—	—
高　粱	—	—	—	—	3.98
葵花籽饼	—	—	—	—	5.57
青贮玉米	—	—	—	—	6.85
酒　糟	—	—	—	—	13.50
石　粉	—	—	—	2.0	—
食　盐	0.5	0.5	0.7	0.5	0.8
骨　粉	—	2.0	1.0	—	0.8
贝壳粉	2.0	—	—	—	0.8
微量元素添加剂	1.0	1.0	1.0	—	1.0
合　计	100	100	100	100	100
营养水平					
消化能(兆焦/千克)	12.75	12.29	12.41	13.03	12.09
粗蛋白质(%)	16.6	16.1	15.69	17.2	12.7
钙(%)	0.79	1.21	0.71	0.82	0.75
磷(%)	0.36	0.68	0.66	0.34	0.57
赖氨酸(%)	0.80	0.81	0.77	0.88	0.71
蛋氨酸+胱氨酸(%)	0.37	0.64	0.31	0.67	0.82

表 5-14　哺乳母猪饲料配方(二)

饲料及其营养成分	配合比例(%)				
	6	7	8	9	10
玉　米	60.5	61.6	63.7	62.3	63.3
豆　粕	16.3	13.2	11.4	9.2	8.1
麸　皮	19.2	15.3	11.0	16.9	13.0
鱼　粉	—	—	—	2.0	2.0
菜籽饼	—	6.0	6.0	6.0	6.0
花生饼	—	—	4.0	—	4.0
石　粉	1.2	1.1	1.1	1.1	1.1
磷酸氢钙	1.5	1.5	1.5	1.2	1.2
食　盐	0.3	0.3	0.3	0.3	0.3
预混料	1.0	1.0	1.0	1.0	1.0
合　计	100	100	100	100	100
营养水平					
消化能(兆焦/千克)	12.76	12.89	13.06	12.76	13.18
粗蛋白质(%)	14.7	15.05	15.3	14.6	15.2

表 5-15　哺乳母猪饲料配方(三)

饲料及其营养成分	配合比(%)					
	11	12	13	14	15	16
玉　米	62.25	61.75	71.75	48.0	61.0	59.6
次　粉	20.0	—	—	—	—	—
麸　皮	—	20.0	—	30.0	22.0	25.0
大豆粉	14.25	15.0	15.0	—	—	—
豆粕(饼)	—	—	—	10.0	9.0	6.0

续表 5-15

饲料及其营养成分	配合比(%)					
	11	12	13	14	15	16
菜籽饼	—	—	—	—	—	4.0
葵籽饼	—	—	—	9.5	2.0	—
苜蓿粉	—	—	10.0	—	—	—
鱼　粉	—	—	—	—	4.0	3.5
骨　粉	—	—	—	2.0	0.6	0.6
石　粉	1.5	1.5	0.75	—	1.0	0.9
磷酸二钙	1.25	1.0	1.75	—	—	—
食　盐	0.5	0.5	0.5	0.5	0.4	0.4
预混料	0.25	0.25	0.25	—	—	—
合　计	100	100	100	100	100	100
营养水平						
消化能(兆焦/千克)	14.06	12.85	14.44	12.55	12.59	12.85
粗蛋白质(%)	14.90	15.00	14.60	13.70	14.58	14.20
钙(%)	0.90	0.86	0.85	1.19	0.72	0.71
磷(%)	0.64	0.65	0.61	0.72	0.54	0.59
赖氨酸(%)	0.70	0.70	0.70	0.73	—	—
蛋氨酸+胱氨酸(%)	0.40	0.50	0.52	0.61	—	—

四、后备猪饲料配方实例

后备母猪饲料经验配方 1～5,见表 5-16。后备公猪饲料经验配方 1～5,见表 5-17。

表 5-16 后备母猪饲料配方

饲料及其营养成分	配合比(%)				
	1	2	3	4	5
玉 米	2.0	7.0	60.0	40.0	40.0
蚕 豆	—	—	—	10.0	12.0
黄 豆	—	—	—	5.0	—
三等粉	41.0	36.5	—	—	—
麸 皮	30.0	31.0	10.0	18.0	25.0
秣食豆草粉	—	—	3.0	—	—
二八统糠	14.4	13.6	—	—	—
统 糠	—	—	—	10.0	11.0
豆 饼	4.0	3.5	25.0	—	—
菜籽饼	—	—	—	15.0	10.0
鱼 粉	8.0	8.0	—	—	—
贝壳粉	0.5	0.3	1.5	—	—
骨 粉	—	—	—	1.0	1.0
添加剂	—	—	—	0.5	0.5
食 盐	0.1	0.1	0.5	0.5	0.5
合 计	100	100	100	100	100
营养水平					
消化能(兆焦/千克)	11.30	11.42	12.97	11.55	11.25
粗蛋白质(%)	16.60	16.40	14.80	14.60	13.40
钙(%)	0.77	0.68	0.63	0.59	0.61
磷(%)	0.67	0.63	0.38	0.36	0.34
赖氨酸(%)	0.74	0.85	0.82	0.73	0.63
蛋氨酸+胱氨酸(%)	0.55	0.55	0.38	0.65	0.63

表 5-17 后备公猪饲料配方

饲料及其营养成分	配合比(%)				
	1	2	3	4	5
玉 米	45.0	40.0	63.0	60.0	65.0
大 麦	26.0	33.0	—	—	—
麸 皮	8.0	7.0	10.0	10.0	15.0
豆 饼	—	—	21.0	25.0	15.0
葵花籽饼	10.0	10.0	—	—	—
秣食豆草粉	—	—	—	3.0	3.0
草 粉	5.0	2.0	4.0	—	—
鱼 粉	6.0	8.0	—	—	—
赖氨酸	—	—	—	—	0.2
蛋氨酸	—	—	—	—	0.1
贝壳粉	—	—	1.5	1.5	1.2
食 盐	—	—	0.5	0.5	0.5
合 计	100	100	100	100	100
营养水平					
消化能(兆焦/千克)	12.46	12.84	12.97	12.97	12.89
粗蛋白质(%)	15.1	16.2	16.0	16.8	14.0
粗纤维(%)	6.1	5.5	2.6	3.5	3.6
钙(%)	0.94	1.01	0.67	0.63	0.6
磷(%)	0.77	0.82	0.41	0.38	0.38
赖氨酸(%)	0.67	0.74	0.88	0.82	0.84
蛋氨酸(%)	0.36	0.38	0.13	0.19	0.19
胱氨酸(%)	0.21	0.22	0.16	0.19	0.16

第六章　种猪的饲养管理

第一节　种公猪的饲养管理

饲养种公猪的目的，是用来与母猪配种。种公猪的饲养，是养猪场实现多胎高产的一个重要生产环节，种公猪的好坏，对猪群生产影响很大。虽然一个猪场的公猪头数很少，但是作用却很大，因为猪是多胎动物，繁殖特别快，1 头公猪在本交的情况下，可负担 20～30 头甚至更多母猪的配种任务，1 年可繁殖 500～600 头仔猪；若采用人工授精，年产仔猪可达万头。因此，养好公猪，提高配种受胎率，对繁殖更多更好的仔猪具有十分重要的意义。对种公猪的基本要求是体质健壮，具有良好的种用体况。精力充沛、性欲旺盛、精液品质优良、配种受胎率高。为了达到上述要求，必须抓好饲养、管理和利用 3 个环节。

一、种公猪的饲养技术

种公猪的营养水平和饲料喂量与品种类型、体重大小、配种利用强度等因素有关。实行季节性产仔的猪场，种公猪的饲养管理分为配种期和非配种期。配种期的营养水平和饲料喂量均高于非配种期。

(一)饲养方式　种公猪的饲养要根据一年内配种任务的集中和分散，分别采用一贯加强和配种季节加强的两种饲养方式。

1. 一贯加强的饲养方式　现代化养猪场，母猪实行全年均衡产仔，公猪需要常年负担配种任务。因此，全年都要均衡地供给公猪配种所需的营养，饲养水平基本保持一致，使公猪保持良好的种用体况。

2. 配种季节加强的饲养方式　传统的养猪生产，母猪实行季节产仔，在配种季节来临前1个月，开始提高公猪饲粮营养水平，并在配种全期持续保持较高的饲养水平。因此，在日粮中可加喂鱼粉、鸡蛋等动物性饲料和多种维生素，直到配种期结束，再逐渐过渡到非配种期饲养水平。但非配种期的饲养，仍应保证公猪维持种用体况的营养需要。

(二)饲粮结构　饲养公猪应以精饲料为主。籽实饲料中的大麦、玉米、高粱、豌豆、蚕豆等，粮油加工副产品中的饼粕、麸皮等，是含蛋白质较多的精饲料，苜蓿、大豆叶及其他豆科干草是含蛋白质较多的粗饲料，各种青饲料特别是豆科牧草，含蛋白质都较丰富。组成饲粮的精料种类最好多样搭配，适当补充些鱼粉，肉骨粉等动物性饲料，以提高饲粮蛋白质水平。公猪的饲粮结构，应根据配种负担来调整。配种期间的饲粮中，能量饲料和蛋白质饲料大致占到80%～90%，非配种期可降低到70%～80%。

(三)饲料喂量　对种公猪的饲喂量，应根据年龄、体重大小、配种任务和季节等来决定。一般年轻公猪配种期内每日饲料喂量2.5～3千克，成年公猪则日喂2.5千克左右。非配种期饲粮喂量应低于配种期，大致为1.8～2.3千克。在生产实践中，一定要控制饲粮采食量，既要防止采食不足，又要防止采食过量。过肥或过瘦的公猪应酌情减料或加料，根据个体情况调整喂量，以保持良好的种用体况。

(四)饲喂技术　公猪的日粮容积要适宜，切忌长期饲喂大容积饲料，否则会使其腹下垂，从而影响配种。饲喂要定时定量，日喂 3 次，每顿不宜喂得过饱，以八九成饱为好。饲料的适口性要好，切忌饲喂发霉变质饲料。饲料调制以湿拌料或干粉料均可，湿拌料料水比例以 1∶1～2 为宜。每天必须供给充足的饮水。

二、种公猪的管理要点

种公猪的管理与饲养具有同样重要的作用。同其他猪一样，除了保持清洁、干燥、空气新鲜、舒适的生活环境外，还应做好下列管理工作。

（一）建立良好的生活制度 合理安排公猪的饲喂、饮水、运动、刷拭、配种（或采精）、休息等生活日程，使其利用条件反射养成良好的生活习惯，便于管理操作，增进健康，提高配种能力。

（二）单栏饲养 群养的公猪常会互相爬跨，当一头公猪配种后回群时，因带有发情母猪的气味，刺激公猪的性冲动，从而引起全群的不安，食欲不振，体质下降，配种能力降低。所以种公猪以单栏饲养为宜，可减少外来的干扰和刺激，保持正常的食欲，杜绝爬跨和自淫的恶习。单栏饲养的公猪，不能冒然合群，也不能在任何场合相遇，以避免打架、争斗而致伤，影响配种。

（三）适当运动 适度的运动可加强机体新陈代谢，促进食欲，帮助消化，增强体质，锻炼四肢，改善精液品质，从而提高公猪的配种效果。运动不足会使公猪贪睡、肥胖、性欲低下、四肢软弱，会严重影响配种利用。种公猪一般都是单圈饲养，猪舍外设运动场，公猪可在小运动场内自由运动，但单纯依赖这种方式，运动量是不够的，最好每天进行驱赶运动，上、下午各1次，每次行程不少于1 000米。夏天应在早晨和傍晚天气较凉爽时进行，冬天在中午进行。如有条件可利用放牧代替运动。

（四）刷试和修蹄 每天定时用硬刷子刷拭猪体，是保持皮肤清洁、促进血液循环、加强新陈代谢、增进食欲、预防皮肤病和外寄生虫病的有效措施。同时也是饲管人员调教公猪的机会，使公猪温驯而听从管教，便于采精和辅助配种。此外，要保护猪的肢蹄，对不良的蹄形进行修饰，因为蹄不正常会影响活动和配种。

（五）定期称重 公猪应定期称重，根据体重变化检查饲养是否恰当，以便及时调整日粮的营养水平和饲料喂量。成年公猪体重应无太大变化。但需经常保持中上等膘情。

（六）定期检查精液品质 实行人工授精的公猪，每次采精都要检查精液品质。如采用本交时，最好每10天检查1次。特别是后备公猪开始使用前和种公猪由非配种期转入配种期之前，要重视精液品质的检查。根据精液品质的好坏，调整营养、运动和配种次数，这是保证公猪健壮和提高配种受胎率的一项重要措施。

（七）防暑降温 种公猪最适宜的温度为18℃～20℃。一般认为，低温对公猪繁殖力无不良影响，而高温则会使公猪精液品质下降，表现为精子数减少，活力降低，配种受胎率下降等，特别是持续高温会给公猪带来极为严重的影响。因此，做好防暑降温工作，避免热应激对精液的影响是十分重要和必要的。防暑降温的措施很多，有通风、洒水、喷雾、洗澡、遮荫等方法，各地可因地制宜采取有效防暑降温措施。

（八）防止打架 公猪好斗，偶尔相遇就会打架，公猪打架很凶，如无人在场，最后打得两败俱伤，甚至造成死亡，直接影响配种任务的完成。因此，日常管理工作中，一定要注意防范，如公猪圈栏要高而坚固，栏门应严密结实，运动和配种时，避免两头公猪相遇。如遇公猪打架，可迅速放出发情母猪将公猪引走；或用木板将两头公猪隔开，或用水猛冲头部，也可点火把置于两头公猪之间，公猪受惊吓后也会分开，再分头赶走。

三、种公猪的合理利用

配种利用是饲养公猪的惟一目的，也是决定营养和运动量的主要依据。公猪精液品质的优劣和利用年限的长短，不仅与饲养管理有关，而且在很大程度上取决于初配年龄和利用强度。正确的利用公猪将有助于延长种用寿命，利用不当不仅缩短种用年限，也会提高种猪的培育成本。

(一)初配年龄 公猪初配年龄，依品种、生长发育状况和饲养管理条件的不同而区别对待。我国地方品种性成熟早，国外品种、培育品种和杂种公猪性成熟较晚，最适宜的初配年龄，要以品种、年龄和体重进行权衡而定。小型早熟品种应在8～10月龄，体重达60～70千克；培育品种应在10～12月龄，体重90～120千克开始配种。也就是说，配种时的体重应达到该品种成年体重的50%～60%。

(二)公母比例 配种的方式不同，每头公猪一年所负担的母猪头数也不同。在采用本交时，1头公猪可负担20～30头的配种任务。采用人工授精时，每头公猪大致可负担500～600头母猪的配种任务。公母比例不当，负担过重或过轻，都会影响公猪的繁殖力。

(三)利用强度 公猪配种利用过度，精液品质降低，影响受胎率；若公猪长期不配种，往往性欲不旺盛，精液品质差，造成母猪不孕。公猪的利用强度，因年龄不同而有所不同。青年公猪每天配种 1 次，连续配种 2～3 天后要休息 1 天。2 岁以上的成年公猪，最好 1 天配种 1 次，必要时可日配 2 次，但应在早、晚各 1 次。如若公猪连续配种，每周应休息 1 天。

（四）利用年限 种公猪的利用年限一般为 3～4 年（4～5 岁），但因猪场的性质和任务不同而异。一般繁殖场大多饲养到 4～5 岁，也就是说，种公猪群每年应更新 20%～25%。育种猪场为缩短世代间隔，加快育种步伐，公猪的使用年限较短，一般为 1～2 年。公猪质量对全群生产有着巨大的影响，优秀公猪要充分利用，凡出现如下情况的劣质公猪，应及时淘汰，即，与配母猪分娩率低、产仔数少；性欲低、配种能力差；有肢蹄病、且体型太大或过于肥胖；精液品质差；因病长期不能配种以及有攻击工作人员恶习者。

四、种公猪饲养水平的评估

种猪饲养得如何，养猪生产者应该心中有数。表 6-1 中的一些数据，可作为评估公猪饲养和利用水平的参数。对照表中的数据，检查自己饲养的公猪的情况，从中找出问题，研究对策，不断提高种公猪的生产水平。

表 6-1 种公猪生产水平的评估

指　标	一　般	较　好
膘　情	稍肥或稍厚	适中
身体状况	健康	健康、有活力
性　欲	一般	强
新鲜精液外观	乳白色，有腥味	云雾状，乳白色，有腥味
每次射精量	150～300 毫升	300～500 毫升

续表 6-1

指　标	一　般	较　好
每次射精总精子数	200 亿～400 亿	400 亿～800 亿
精子活力	0.7	0.7 以上
配种受胎率	初产母猪 75%，经产母猪 85%以上	初产母猪 80%以上经产母猪 95%以上
窝产仔数	9 头	10 头以上
每头种公猪每年的配种任务(本交)	30～40 头母猪	50～60 头母猪
每头种公猪每年的配种任务(人工授精)	1000 头母猪	2000 头母猪

第二节　种母猪的饲养管理

母猪是每个养猪场猪群的重要组成部分，是发展养猪生产的基础之一。猪是多胎高产动物，其繁殖潜力很大。但是，目前一些猪场的母猪发情不正常，配种受胎率低，每年繁殖胎数少，仔猪发育差，断奶成活率低，影响了养猪经济效益及生产的持续发展。上述情况，其主要原因是对母猪饲养管理不当所致。母猪的繁殖周期，要经过空怀、发情、配种、妊娠、分娩和哺乳等 6 个环节才能完成。为了充分发挥母猪的生产潜力，以获得较大的经济效益，就必须根据母猪每个环节的生理变化和要求，采取相应的饲养管理技术措施。

猪的繁殖是个复杂的生理变化过程，不同的生理阶段需要进行不同的饲养管理，种公猪饲养阶段比较简单，种母猪因为怀胎产仔等生理变化较大，故划分为空怀、妊娠和泌乳3个阶段。

一、空怀母猪的饲养管理

母猪由仔猪断奶到配种前的一段时间为空怀期。经产母猪经过上一个妊娠和泌乳之后，体力消耗很大，仔猪断奶后，能否正常发情，主要是看饲养管理是否得当。

（一）空怀母猪的饲养技术　饲养空怀母猪的基本任务是使其保持良好的体况和膘情，保证正常的发情、排卵。经产母猪由于泌乳期体内消耗营养较多，膘情急剧下降，特别是那些泌乳力高的母猪，体重减轻很多，断奶前已经相当消瘦。有的母猪断奶前膘情相当好，这是由于这类母猪哺乳期采食量大，带仔头数少或泌乳力差，故在泌乳期间减重少。俗话说："空怀母猪八成膘，容易怀胎产仔高"。空怀期母猪不能过瘦或过胖，应保持七八成膘。如果母猪过瘦，就会出现不发情，即使发情排卵也少，卵子活力弱，母猪不受孕。但母猪的膘情也不能过胖，过胖的母猪会贪吃贪睡，内分泌紊乱，同样影响发情、排卵，造成不孕。因此，当仔猪断奶时，就要注意母猪的体况，并根据体况及时调整母猪的日粮组成和每日供应量。空怀母猪膘情比较如图6-1所示。

空怀母猪在配种准备期要特别重视蛋白质、矿物质和维生素的供给。其日粮中大量饲喂青饲料和多汁饲料是十分有益的，因为这类饲料富含蛋白质、维生素和矿物质，对母猪的排卵和受精都有良好的影响。条件许可时，每头母猪每天饲喂4～5千克多汁饲料或5～10千克优质青饲料，并搭配一定数量的精饲料，会有良好的饲养效果。

空怀母猪通常饲喂湿拌料，并采用定量饲喂的方法，日喂

2～3 次。饲喂量因体重、膘情不同而异。一般 90～120 千克体重的母猪日喂 1.5～1.7 千克，120～150 千克体重的母猪每天 1.7～1.9 千克，150 千克以上的母猪日喂 2～2.2 千克。对于断奶后极度瘦弱的母猪，则应增加饲料定量，促使尽快地恢复膘情，及时正常发情配种。

（二）空怀母猪的管理要点

1. **创造适宜的环境条件**　空怀母猪同其他猪群一样，需要清洁、干燥、温度适宜、采光良好、空气新鲜的环境条件。阳光、运动和新鲜空气对促进母猪发情和排卵有很大影响。体况良好的母猪在配种准备期应加强运动和增加舍外活动时间，有条件时可进行放牧。

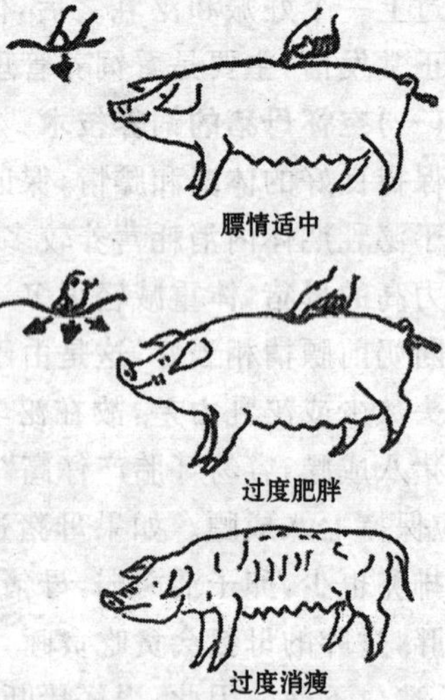

图 6-1　空怀母猪膘情比较

2. **合群饲养**　空怀母猪有单栏饲养和小群饲养两种方式。单栏饲养空怀母猪是工厂化养猪中采用较多的一种形式。生产实践中，包括工厂化、规模化养猪场在内的各种猪场，空怀母猪通常实行小群饲养，一般是将 4～6 头同时断奶的母猪养在同一栏内，可自由运动，特别是设有运动场的猪舍，使运动的范围更大些。空怀母猪群饲可促进发情，特别是群内出现发情母猪后，由于互相爬跨等刺激，可诱导其他空怀母猪发情，同时也便于饲养管理人员观察和及时发现发情母猪。

3. 做好发情观察和健康检查　饲管人员每天早、晚两次要认真地观察记录空怀母猪的发情状况，必要时用试情公猪试情，以免失配。从配种准备开始，所有空怀母猪应进行健康检查，对病猪做到及时发现和及时治疗。

（三）促进母猪发情排卵的措施　配种期母猪，在合理的饲养管理条件下，多数母猪能正常发情配种，但也有母猪不能正常发情或不受孕。因此，应针对不同情况采用相应技术措施，促使母猪正常发情排卵并配种受孕。在此，必须强调的是，人工催情只能在做好饲养管理的前提下，才能获得良好的效果。

1. 短期优饲　配种前，对体况瘦弱不发情的母猪，可采用短期优饲催情，实践证明能明显地促进发情、排卵和胚胎发育。短期优饲的时间，可在配种前 10～14 天开始，加料的时间一般为 1 周左右。优饲期间，可在平时喂料量的基础上增加 50%～100%，每头每天大致增加喂料量 1.5～2 千克，对于短期优饲，主要是提高日粮的总能量水平，而蛋白质水平则不必提高。

2. 加强运动　对过于肥胖不发情的母猪，进行驱赶运动，使其接受到阳光的照射、呼吸到新鲜空气，可促进新陈代谢，改善膘情。与此同时，采用限制饲养，减少精料喂量或不喂精料，多喂青绿饲料，能有效地促进母猪发情排卵。有条件时可采取放牧，促进发情。

3. 异性诱导　用试情公猪追逐久不发情的母猪，或把公、母猪关在一个圈内，由于公猪的接触爬跨等刺激，通过神经传导，使脑下垂体分泌促卵泡激素，促使母猪发情排卵。这是一种简单易行的办法，群众称为“逗情”。

4. 合群并圈　将不发情的空怀母猪，调到别的圈内，让它与正在发情的母猪合并饲养，通过发情母猪的爬跨等刺激，促进空怀母猪发情排卵。

5. 激素或药物催情　利用激素催情是促进发情的有效措施。如肌内注射孕马血清 800～1 000 单位；或注射绒毛膜促性腺激素，每千克体重 10 个单位。或用三合激素肌内注射，每头 2～3 毫克。也可采用中药催情，现介绍 2 种药方供参考。

配方一：淫羊藿 100 克，丹参 80 克，红花 50 克，当归 50 克，桃仁 40 克，共研末混入饲料中喂服，一般 1 周左右即可发情。

配方二：肉苁蓉、何首乌、玄参各 9 克，全当归 15 克，川芎、菟丝子各 6 克，益母草 9 克，王不留行、淫羊藿各 6 克，共研为末，拌在饲料中喂给，每 5 天服 1 次。

对那些长期不发情、屡配不孕的母猪，如果采取一切措施都无效时，应立即淘汰，以减少经济损失。

二、妊娠母猪的饲养管理

饲养妊娠母猪的中心任务是保证胎儿能在体内得到充分的生长发育，防止死胎、流产，使妊娠母猪每胎产出数量多、初生体重大、体质健壮和均匀整齐的仔猪，并使母猪保持适度的膘情，有适度的营养储备，为产后泌乳作好准备。

（一）母猪妊娠诊断　妊娠诊断是种母猪管理中的一项重要内容，空怀的早期诊断不仅可以缩短产仔间隔，还可提高母猪利用率，并及时淘汰不孕不育的种母猪，尽量缩短母猪的空怀期，以免浪费饲料、劳力和设备，从而降低饲养成本。母猪早期妊娠诊断的方法很多，如观察法、阴道活组织检查法、诱导发情检查法、超声波诊断法、X 光透视法、注射激素诊断法、尿中激素测定法和血清沉降速度检查法等，但在生产实践中广泛应用且简单易行的方法是观察法。超声波诊断法等，还有待在生产中普及。

观察法就是根据发情周期和妊娠征状判断母猪是否妊娠的一种方法，又称返情检查。妊娠初期的母猪，由于胎儿极小，母猪腹部也不大，更是不可能摸到胎动，只好通过仔细观察来判定。配种前发情周期正常的母猪，交配后到下一个预定发情日不再发情，且有食欲增加、被毛顺且日益光亮、增膘显著、性情温顺、行动稳重、贪睡、尾巴自然下垂、阴户缩成一条线且下联合向内上方弯曲、驱赶时夹着尾巴走路等现象，则可初步判断已经妊娠。这一方法不用任何仪器、药物，是简单易行的方法，在养猪生产中广泛应用。但对于发情征状不明显，发情时间短，胚胎早期死亡等情况的母猪，根据配种后是否发情来判断其妊娠，也会有一定的差错；同时，采用此种方法诊断妊娠，还需要有一定的实践经验。

母猪妊娠 70 天后就可摸到胎动，80 天后当母猪侧卧时，即可看出腹壁的胎动。同时腹围增大，乳头变粗。

(二)妊娠母猪的生理特点 母猪妊娠后，在生理上发生了一系列的变化，最突出的表现是新陈代谢活动增强和体重显著增加。

1. 代谢增强 母猪妊娠后因内分泌活动加强，从而使机体新陈代谢活动增强，在喂给妊娠母猪和空怀母猪同等饲粮水平的情况下，妊娠母猪的增重明显较高，营养储积也较妊娠前多。妊娠期母猪这种特殊的沉积能量和物质的能力，称为妊娠合成代谢。母猪在整个妊娠期代谢率平均增加 10%～15%，在妊娠后期更为显著，可达 30%～40%。据试验，能量的利用率比空怀母猪高 9%～18%，氮的利用率高 6.4%～12.9%。

2. 体重增加 母猪妊娠后体重显著增加，这是动物的一种适应性反应。研究表明，妊娠母猪和空怀母猪在喂给等量同一种饲料的情况下，不仅可以生产一窝仔猪，而且增重较多（表 6-2）。

表 6-2 妊娠母猪与空怀母猪体重变化比较 （千克）

项目		采食量	配种体重	临产体重	产后体重	共增重	胎儿及附属物重	净增重	相差
Ⅰ	妊娠	225	230	274	250	44	24	20	16
	空怀	224	231	235	235	4	0	4	
Ⅱ	妊娠	418	230	308	284	78	24	54	15
	空怀	419	231	270	270	39	0	39	
Ⅲ	妊娠	233	197	233	211	36	22	14	9
	空怀	233	196	201	201	5	0	5	

据陈清明、王连纯主编：现代养猪生产，272 页

母猪整个妊娠期的体重较配种体重增加 20%～30%，有时甚至更多。日增重是前期高于后期（表 6-3）。另外，母猪妊娠期增重比例与配种时体重和膘情有关，配种时膘情差、体重小的母猪妊娠期增重比例较大。母猪所增加的体重是由体组织、胎儿、子宫及其内容物等 3 部分所构成。

表 6-3 妊娠期各阶段增重内容变化

妊娠期（天）	0～30	31～60	61～90	91～114
日增重（克）	647	622	456	408
骨与肌肉（克）	290	278	253	239
皮下脂肪（克）	160	122	－23	－69
板油（克）	10	－4	－6	－22
子宫（克）	33	30	38	39
子宫内容物（克）	62	148	156	217

(三)妊娠母猪的饲养技术

1. 饲养方式　妊娠母猪的饲养,应同时兼顾母猪的体况与胎儿的发育规律。我国传统养猪在以青粗饲料为主的条件下,根据妊娠母猪的生理特点,总结出了以下 3 种饲养方式。

(1)"抓两头带中间"的饲养方式　这种方式适宜于断奶后体况瘦弱的经产母猪。母猪经过分娩和一个哺乳期后,体力消耗很大。为了使它担负起下一个阶段的繁殖任务,必须在妊娠初期加强营养,使其迅速恢复繁殖体况,这个时期连同配种前 10 天共计 1 个月左右,饲粮应全价、优质,特别是要含有高蛋白质的饲料。待体况恢复后才可按饲养标准喂养,直到 80 天以后再提高营养水平,加强营养的供给。这种饲养方式,形成了高—低—高的营养供给,但后期的营养水平,应高于妊娠前期。

(2)"步步登高"的饲养方式　这种方式适用于初产母猪。由于初产母猪本身还处在生长发育阶段,营养需要量较大,因此,整个妊娠期间的营养水平,应根据胎儿体重的增长而逐步提高,到产前 1 个月达到最高峰。到产前 3～5 天,日粮应减少 10%～20%。这样就可以让正在发育的青年母猪,即能保证胎儿的正常发育,又能满足母猪本身生长发育的营养需要。

(3)"前粗后精"的饲养方式　这种方式适用于配种前膘情较好的经产母猪。国内外的一些研究表明,妊娠母猪膘情较好时,在妊娠前、中期适当降低营养水平,对母猪生产不但没有不良影响反而有利。因为妊娠期高水平饲养,将导致母猪肥胖,会使泌乳期采食量降低,增加了养分两次转化所造成的损耗,即在妊娠期内由饲料养分转化为体脂肪(效率为 78%),而在泌乳期内,再由体脂肪转化为猪乳(效率为 63%)的双重损失,其饲料利用率实际上约为 0.49(0.78×0.63)。

而哺乳母猪将饲料直接转化为猪乳时，其效率为67%，相比之下，高妊娠、高泌乳的饲养方式，养分损失要高1/4以上。所以近年来，国内外普遍推行妊娠期母猪限量饲喂、哺乳期充分饲喂的办法，是利用饲料最经济的方法。

为简化妊娠母猪的饲养方式，可采用限量采食和随意采食相结合的方式，即妊娠前2/3时期采用限量采食，妊娠后1/3时期改为随意采食，喂给妊娠后期的全价配合饲料，任其自由采食。

2. 饲粮结构　妊娠母猪的饲料配合，要注意饲料种类多样，营养全面。各类饲料应按适当比例搭配。根据胎儿生长发育的规律，在妊娠前期可给母猪饲喂较多的大容积饲料。日粮体积虽较大也不致产生不良影响，但随着妊娠的进展，胎儿发育加快，则应调整日粮结构。在一般饲养条件下，精料和粗料的比例为1∶0.2～0.4。而精饲料和青饲料比例，前期为1∶4～6，后期减至1∶2～3。饲喂妊娠母猪的粗饲料应是豆科干草粉，饲粮组成中应尽量不用或少用秸秆粉和秕壳粉。有条件的猪场给母猪补充一些青绿饲料，对提高其繁殖性能具有良好作用。工厂化养猪场，在缺少优质草粉和青饲料的情况下，应特别重视向妊娠母猪饲粮补充矿物质、微量元素和复合维生素添加剂，确保母猪必需的各种无机元素和维生素得到满足。

3. 日粮体积　妊娠母猪日粮中应含有适量的干物质，以满足母猪正常饱腹的需要。否则，尽管营养需要可满足，但母猪不能饱腹；干物质过多，则母猪不能食尽或食后压迫胎儿。因此，要注意饲粮体积应与妊娠母猪的采食量相适应。

4. 饲料日喂量　妊娠母猪饲喂量，可根据其体积大小，按百分比或按维持和生产的需要计算，一般在妊娠前期喂给体重的1.5%～2%，妊娠后期可喂给体重的2%～2.3%。如果按维持和生产需要计算，体重100千克的妊娠母猪，维持需要约需配合饲料1千克，复膘每增重1千克约需配合饲料3.5千克，胎儿每增重1千克约需配合饲料2.5千克，需要配合饲料85千克；胎儿20千克，需要配合饲料50千克。总计需要约250千克，平均每天需喂配合饲料2.19千克。一般说来，从妊娠开始到妊娠90天，每天应喂给优质全价配合饲料1.8～2千克，从妊娠90天到产前，每天喂料2.3千克比较合适。但实际喂量要根据母猪体重、膘情及其环境温度等而定，特别是寒冷季节，每天应为母猪增加500克左右的饲粮，当然对于体况较瘦的母猪，也应适当增加饲料。

5. 饲喂技术

(1)合理调制饲料　饲喂妊娠母猪的饲料，按1∶1的料水比例将其拌湿饲喂，或用水调制成稠粥料(料水比例不宜超过1∶4)，有利于消化。青饲料最好切短或打浆投喂。

(2)切忌突然更换饲料　妊娠母猪的饲料要保持相对稳定，增减或更换饲料，应采取逐渐过渡的办法进行，如更换妊娠母猪饲料应经过5～7天的过渡。绝不可突然更换，以免引起母猪便秘、腹泻，甚至流产。

(3)保证饲料质量　妊娠母猪的饲料品质应优良，严禁饲喂霉烂变质、冰冻和带有毒性的饲料，以防招致流产。

(4)适时调整临产母猪日粮　母猪产前10～15天起，需将饲料逐步更换成产后的饲料，以免产后初期变换饲料。母猪产前1周开始，应逐渐减少饲喂量，至临产前可削减到原喂量的50%～70%。不应饲喂难消化和易引起便秘的饲料。对临产前的母猪，可采取增加饲喂次数和减少每顿饲喂量的方法以减轻母猪消化负担。对于少数营养不良的瘦弱母猪，可采取减少青、粗饲料、增加精料饲喂量的方法，使日粮体积缩小而总营养价值有所提高，有利于改善临产母猪的体况。

(5)保证饮水供给　妊娠母猪的日需水量较多，保证充足的清洁饮水是非常必要的，在采用干粉料和粒料时，饮水绝不可忽视，尤其是炎热的夏季，饮水更为重要。

(四)妊娠母猪的管理要点　妊娠母猪管理的中心任务是防止化胎、流产和死胎。胚胎在妊娠早期死亡后，被子宫吸收，称为化胎；在妊娠中、后期死亡，不能被母体吸收而形成干尸，称为木乃伊；在分娩前死亡，而在母猪分娩时随活仔猪一同产出，称为死胎；母猪在妊娠过程中胎盘失去功能，使妊娠中断，将胎儿排出体外，称为流产。造成胚胎死亡的原因很多，其中管理不当是造成胚胎死亡的重要因素。在妊娠母猪的管理上应注意以下几点。

1. 合理分群饲养　妊娠母猪可分小群饲养和单圈(单栏)饲养。若采用小群饲养时，应根据妊娠时间长短、体重大小和性情强弱等合理组群，一般妊娠前期3～5头母猪在一栏圈饲养，但饲养密度不宜过大，一般母猪平均占有面积至少不低于1.6～1.7平方米。群养母猪，到妊娠后期必须单圈饲养，这样有利于保胎。

2. 适当运动　妊娠母猪应给予适当运动，可增强体质，有利于胎儿的正常生长发育和防止难产。无运动场的猪舍，要赶到圈外适当运动。到产前5～7天应停止驱赶运动。

3. 搞好环境卫生　应按要求进行环境清扫和消毒，保持良好的环境卫生。同时要注意饲料和饲槽的清洁卫生，饲槽应每天清洗。否则有害母猪健康，并容易引起流产。

4. 注意夏季防暑和冬季防寒　母猪妊娠初期对高温特别敏感，是造成胚胎死亡的重要因素。特别是第一周遭遇高温(32℃～39℃),即使仅24小时也可能增加胚胎死亡。在炎热的夏季可给母猪水浴降温,并注意圈舍通风换气。冬季要防寒保暖,防止贼风侵袭,圈内铺设干净的垫草。

5. 耐心的管理　对母猪态度要温和,调群、运动时,不要赶得太急,不能惊吓,避免拥挤、滑倒等。否则,易造成机械性流产。

6. 严格执行免疫程序　准时进行仔猪黄、白痢等各种传染病的免疫接种。

三、泌乳母猪的饲养管理

泌乳母猪的饲养,是母猪整个繁殖周期中最后一个生产环节。这一阶段饲养管理的好坏,不仅影响仔猪的成活率和断奶体重的大小,且对母猪的下一个繁殖周期的生产有着显著的影响。合理饲养泌乳母猪,可有效地提高泌乳量,对仔猪健壮发育关系密切;同时,使母猪断奶时保持适宜膘情,保证在下一个繁殖周期中按时发情配种。

(一)母猪分娩前后的护理

1. 临产征状与接产

(1)临产征状　猪的妊娠期平均为114天,为了及早做好临产母猪的护理工作,多按112天计算。预产期的简便推算方法可用"3、3、3"表示,即母猪的妊娠期为3个月3周零3天,即从配种日期往后加3个月3周零3天。如4月1日配种,其预产期为:4＋3＝7(月),1＋21＋3＝25(日),故预产期是7月25日。或者用"配种月份加4,配种日期减6"的办法计算,如3月8日配种,则3＋4＝7(月),8-6＝2(日),即预产期为7月2日。此外,可查"母猪预产期表"。由于母猪妊娠期的范围是108～120天,故实际产仔日期可能出现在预计产仔日期的前后。究竟是提前还是错后，就要靠饲管人员现场观察临产母猪的乳房、外阴和行为表现来判定。

①乳房的变化：母猪产前 10～20 天，乳房开始由后部向前部逐渐下垂膨大，乳房基部与腹部呈现明显界限，在腹部隆起形成两条带状，乳房的皮肤发紧并呈潮红色，两排乳头八字形向两外侧开张。产前 2～3 天用手挤乳头有乳汁分泌。一般当前部乳头能挤出乳汁时，分娩时间不会超过 1 天；如最后一对乳头也能挤出乳汁时，约在 6 小时左右分娩。但是，也有个别母猪产后才分泌乳汁，所以还要综合其他临产表现来确定分娩时间。

②外阴部变化：母猪临产前 3～5 天，外阴部红肿下垂，尾根两侧出现凹陷，这是骨盆开张的标志。当阴户有羊水流出时，表示仔猪即将产出。

③行为表现：临产前母猪神经敏感，行动不安，起卧不定，吃食不好，频频排尿，故有“母猪频频尿，产仔就要到”之说。同时还衔草做窝或拱草拱土围窝，护仔性强的母猪变得性情暴躁，不让人接近，有的还会对人进行攻击，给接产工作造成困难。

上述临产征状归纳起来为：行动不安，起卧不定，食欲减退，衔草做窝，乳房膨胀，色泽潮红，挤出奶水，阴户红肿，排尿频频。表 6-4 表示母猪产前表现与产仔时间的关系。

表 6-4　母猪产前表现与产仔时间

产前表现	距产仔时间
乳房胀大（俗称“下奶”）	15 天左右
阴门红肿，尾根两侧开始下陷（俗称“松胯”）	3～5 天
挤出透明乳汁	1～2 天（从前面乳头开始）

续表 6-4

产前表现	距产仔时间
叼草做窝(俗称"闹栏")	8～16 小时(初产猪、本地猪种和冷天开始早)
乳汁变为乳白色	6 小时左右
每分钟呼吸 90 次左右	4 小时左右(产前 1 天每分钟呼吸约 54 次)
躺下,四肢伸直,阵缩时间逐渐缩短	10～90 分钟
阴户流出分泌物	1～20 分钟

据赵书广主编:现代化养猪技术,215 页

(2)接产护理　根据母猪预产期,应提前做好产房、接产用具、药品和值班人员的准备工作。尤其是母猪的乳房和阴户,一定要清洗消毒,保持干净。母猪在分娩过程中,其子宫和腹部肌肉发生间歇性强烈收缩,逐渐把胎儿从阴道挤出。母猪多在夜间较平静时分娩。正常分娩每 5～25 分钟产出 1 个胎儿,产程持续 2～4 小时。当全部仔猪产出后,约 10～60 分钟胎盘排出,分娩结束。如遇超过 4 小时不排胎衣者,应请兽医进行治疗。

①接产方法:母猪分娩时,应保持安静的环境,可防止难产和缩短产仔时间。仔猪初生后,立即用清洁的毛巾擦净口、鼻和全身黏液。接着进行断脐,即将脐带内血液反复向腹部方向捋挤,然后在距腹部 4～5 厘米处用手掐断或剪断,断面用 5%的碘酊消毒。断脐后进行仔猪编号、称重,并记入分娩哺育记录。然后将仔猪放在母猪腹部让其尽早吃到初乳,或先放入保育箱内。胎衣排出后应立即取走,以免母猪吞食,影响消化和养成吃仔猪恶癖。

②假死仔猪急救:仔猪出生后不呼吸但心脏仍然在跳动,

即为假死仔猪，必须立即采取措施使其迅速恢复呼吸才能成活，常用的急救方法主要有如下 2 种。

第一，人工呼吸法：将仔猪四肢向上，一手托肩部，一手托臀部，然后两手同时进行反复前后运动，使仔猪自然屈伸，同时有节奏地轻轻按压仔猪胸部，促使呼吸。或者向仔猪鼻孔内猛吹气；也可提起仔猪后肢，轻轻拍打臀部，促使仔猪呼吸。

第二，药物刺激法：可用酒精、碘酊等刺激性强的药液涂擦于鼻端，刺激鼻腔黏膜促使呼吸。

2. *母猪分娩前后的饲养* 已如前述，临产前的母猪，应视其体况适时调整其日粮。体况良好者应减料，体况一般的母猪不减料，对体况较弱者可适当增加优质蛋白质饲料，以利母猪产后泌乳。临产前母猪的日粮中，可适量增加麸皮等轻泻性饲料，并调制成粥料饲喂，应保证供给饮水，以防母猪便秘导致难产。

母猪产后 8 小时内可不喂料，仅喂少量的麸皮水或稀粥料。产后 2～3 天内，母猪体质较弱，应选择易消化的饲料调成粥状饲喂，喂量逐步增加，到产后 5～7 天恢复到泌乳期要求的营养水平。以免引起母猪产后消化不良，或乳汁分泌过多，仔猪吃不完而患乳房炎。也可避免乳汁过浓，导致仔猪消化不良而腹泻。

3. *母猪分娩前后的管理* 临产前 3～7 天内应停止舍外运动。圈内应铺上清洁干燥的垫草，母猪产仔后立即更换垫草，保持垫草和圈舍的干燥清洁。冬春季要防止贼风侵袭，以免因母猪感冒缺奶。保持母猪乳房和乳头的清洁卫生，减少仔猪吃奶时的污染。分娩后，应注意保持安静，减少舍外活动时间，让母猪得以充分休息，尽快恢复体力。要随时注意母猪的呼吸、体温、排泄、乳房和采食情况，如有异常应及时请兽医诊治。

(二)泌乳母猪的生理特点 泌乳母猪最显著的生理特点就是泌乳和泌乳期的体重变化。

1. 母猪的泌乳规律

(1)母猪的乳房无乳池,不能随时排乳 母猪一般有6～7对乳头,我国有些猪种可达7～8对。每个乳头有2～3个乳腺团,各乳头之间没有联系,母猪的乳房没有乳池,不像牛、羊等家畜那样,能在乳房中积蓄较多的乳汁,故不能随时挤出奶水,仔猪也就不能在任何时候都能吃到母乳。只有受到仔猪拱揉刺激后,才能引起母猪放乳,仔猪也才能吸吮到母乳。母猪放乳时间很短,仅为10～30秒。

(2)母猪每天泌乳量不均衡 母猪在泌乳期内的泌乳总量在250～400千克之间,日平均泌乳量4～8千克。但每天泌乳量的多少不均衡,且呈现规律性变化。一般是产后最初几天的泌乳量较少,产后5天左右泌乳量开始上升,在产后3～4周时达到泌乳高峰期,以后泌乳量下降(表6-5)。第一个月的泌乳量约占全期泌乳量的60%～65%。

表6-5 母猪各阶段日泌乳量 (千克)

产后天数	10	20	30	40	50	60	平 均	全 期
金华猪	5.17	6.50	6.70	5.56	4.80	3.50	5.47	328.20
民 猪	5.78	6.65	7.74	6.31	4.54	2.72	5.65	339.00
哈白猪	5.79	7.76	7.65	6.19	4.10	2.98	5.74	344.40
枫泾猪	9.29	10.31	10.43	9.52	8.94	6.87	9.23	553.80
大约克夏	11.20	11.40	14.30	8.10	5.30	4.10	9.27	557.40
长白猪	9.60	13.33	14.55	12.34	6.55	4.56	10.31	618.60
平 均	7.81	9.33	10.23	8.00	6.21	4.12	7.61	456.90

据陈清明、王连纯主编:现代养猪生产,276页

母猪泌乳量受很多因素的影响，如年龄（胎次）、品种、一窝仔猪数和饲养管理等。一般情况下，初产母猪的乳腺发育尚不完全，又缺乏哺育仔猪的习惯，因此泌乳量低于经产母猪。从第二胎开始泌乳量上升，6～7 胎以后泌乳量下降。不同品种（或品系）的泌乳量不同，大型的肉用型或肉脂兼用型猪种的泌乳量较高，小型或产仔较少的脂用型猪种泌乳量较低。如表 6-5 所列 6 个品种其泌乳量各不相同，金华猪平均日泌乳量仅为 5.47 千克，而长白猪高达 10.31 千克。泌乳母猪一窝哺育仔猪数多少与其泌乳量有着密切关系，带仔头数多的泌乳量高。试验表明，母猪每多带一头仔猪，60 日的泌乳量可相应增加 26.72 千克。大致的规律见表 6-6。另外，饲养水平、饲料品质和饲喂方法是影响泌乳量的主要因素，如果不能满足其营养需要，母猪的泌乳潜力就不能充分发挥。管理对泌乳量也有很大影响，安静舒适的环境有利于母猪的泌乳，在潮湿炎热的夏天和严寒的冬天，母猪的泌乳量一般都较低。

表 6-6　一窝仔猪数对母猪泌乳量的影响

一窝仔猪数（头）	母猪泌乳量（千克/日）	仔猪吮乳量（千克/头，日）
6	5～6	1.0
8	6～7	0.9
10	7～8	0.8
12	8～9	0.7

据陈清明、王连纯主编：现代养猪生产，277 页

（3）泌乳期乳成分变化很大　猪乳可分为初乳和常乳 2 种。初乳是产后 3 天之内所分泌的乳汁。常乳是 3 天后所分泌的乳。初乳和常乳的营养成分差异很大（表 6-7）。

表 6-7 母猪初乳及常乳营养成分比较

营养成分(%)	初 乳	常 乳
干物质	25.76	19.89
蛋白质	17.77	5.79
脂 肪	4.43	8.25
乳 糖	3.46	4.81
灰 分	0.63	0.94
钙	0.053	0.25
磷	0.082	0.166

据山西农业大学、江苏农学院主编:养猪学,215 页

初乳水分含量低,干物质和蛋白质含量较常乳高,乳脂、乳糖和灰分的含量均比常乳低。初乳蛋白质中 60%～70% 是免疫球蛋白质(易被仔猪吸收),仔猪吃的初乳得到免疫球蛋白后,可以增强其抗病能力。初乳是初生仔猪营养最完善的天然食物。初生仔猪未能吃到初乳时,则抗病力很差,难于饲养甚至死亡。常乳的脂肪含量高,进入常乳期的仔猪,要供给充足饮水,以利于消化。

(4)泌乳次数多　由于母猪乳房没有乳池,每次放奶的时间又短,所以每天的哺乳次数多。母猪的泌乳次数与品种、泌乳性能高低、泌乳期的长短和饲养管理等有关。据测定,嘉兴黑猪日均泌乳次数为 25.3 次,吉林黑猪测定结果如表 6-8。

表 6-8 吉林黑猪不同阶段日泌乳次数

泌乳阶段(天)	2	3	10	20	30	40	50	60	平均
泌乳次数	20.8	21.8	23.8	21.3	23.0	19.5	19.3	16.5	21.0
白天次数	10.3	10.5	10.8	10.0	10.5	7.3	8.0	6.8	9.2
夜间次数	10.5	11.3	13.0	11.3	12.5	12.2	11.3	9.7	11.8

据陈清明、王连纯主编:现代养猪生产,277 页

表 6-8 说明，吉林黑猪日均泌乳次数为 21 次，在 10～30 天期间泌乳次数多，约为 23 次，60 天下降到 16.5 次。白天泌乳次数少，平均为 9.2 次；夜间次数多，平均为 11.8 次。总之，不同泌乳期的日均泌乳次数不同，前期多，后期少，夜间要多于白天。

(5)不同乳头的泌乳量不同　同一头母猪不同乳头的泌乳量是不同的，一般靠近胸部的几对乳头比后面的乳头泌乳量高。

表 6-9　母猪不同对乳头的泌乳量

由前向后乳头顺序	1	2	3	4	5	6	7
泌乳量(%)	23	24	20	11	9	9	4

据陈清明、王连纯主编：现代养猪生产，276 页

由表 6-9 可以看出，前面 3 对乳头泌乳量多，约占总泌乳量的 67%，而后面 4 对乳头的泌乳量少，约占总泌乳量的 33%。

2. 泌乳母猪体重的变化　母猪在泌乳期间，负担很重，除维持本身活动需要营养物质外，每天还要泌乳 5～8 千克，如果营养物质供应不足，为了满足维持和泌乳需要，就会动用自身的储蓄，必然会导致失重(掉膘)现象。一般泌乳力高的母猪失重较多，仔猪生长发育良好；失重少的母猪往往泌乳量低，仔猪发育不良。妊娠期增重少的母猪，泌乳期失重也少，但失重多少和泌乳期营养水平和母猪采食量有很大关系(表 6-10)。母猪 60 天泌乳期失重约为产后体重的 20%～30%。产后第一个月泌乳量高，体重下降亦多，约为全期失重的 70%～80%。哺乳期母猪失重太多，会影响断奶后的发情配种。因此，应将泌乳期母猪的失重率控制在 15%～20%范围以内，有利于缩短断奶至配种的间隔时间，顺利进入下一个繁

殖周期。

表 6-10 母猪泌乳期饲养水平与表现

喂 量（千克/日）	哺乳 4 周失重（千克）	仔猪日增重（克）			配种间隔（日）
		0～21 日	0～28 日	21～28 日	
1.51	44.5	180.9	169.7	136.2	29.8
2.21	30.8	177.1	171.8	155.6	25.0
2.90	27.4	191.9	189.9	184.0	21.2
3.58	19.6	181.2	187.2	193.2	14.6
4.21	15.8	209.7	205.7	193.5	15.5
4.83	9.0	192.9	192.8	192.7	7.8

据陈润生主编：猪生产学，88 页

（三）泌乳母猪的饲养技术

1. 饲养方式　哺乳母猪的营养消耗很大，每日从乳汁中分泌出大量能量和营养物质供仔猪需要。因此，母猪在泌乳期内要失重，泌乳量高的母猪失重更多，尤其是泌乳期的头 1 个月为泌乳旺期，母猪失重则占全期总失重的 85％左右，因此要强化饲养，多喂精料，可将哺乳期精料量的 60％～65％集中在产后第一个月使用，以后母猪泌乳量下降，适当减少精料用量，形成前高后低的营养供应方式，这样既照顾了泌乳旺期的营养需要，也可避免哺乳前期母猪失重过多。对于初产母猪，自身还在生长，整个泌乳期均应强化饲养，保持较高的营养水平。在生产实践中，哺乳母猪的营养供给要根据泌乳量和膘情等具体情况灵活掌握，适时调整。

2. 饲粮结构　科学地配合饲粮是保证母猪充分泌乳的首要条件。哺乳母猪的日粮结构应以能量饲料和蛋白质饲料为主，多样搭配，并尽可能供给一定的青绿多汁饲料。有些饲料对促进泌乳具有良好的作用。如多汁饲料中胡萝卜、南瓜、甘薯、菊芋和甜菜；青饲料中的苜蓿、三叶草、紫云英；籽实饲料中的大麦、豌豆、大豆、蚕豆；动物性饲料中的鱼粉、肉骨粉和脱脂乳等，都是促进母猪泌乳的优良饲料。在配合饲料时可选用，各类饲料在哺乳母猪饲粮中的最高用量（%）为：玉米85，大麦80，高粱8，燕麦15，小麦85，麸皮20，大豆饼20，棉籽饼5～10，菜籽饼8，亚麻饼5～10，糟渣6，鱼粉10，血粉3，肉骨粉10，骨粉2，苜蓿草粉10。

3. 饲料喂量　泌乳期是母猪繁殖周期中营养需要量最大的一个阶段，所配日粮的容积和干物质含量要适合猪的消化道容积。哺乳母猪对饲料风干物质采食量大致为体重的3.2%～4%。不同体重哺乳母猪采食量为：体重120千克以下日均采食4.8千克，体重120～150千克的采食5千克，体重150～180千克采食5.2千克，体重180千克以上的采食5.3千克。

4. 饲喂技术　前面已提到，母猪分娩当天不需要喂料，可适当喂些麸皮水和鲜嫩青饲料，以后就逐渐增加配合料的喂量，经5～6天过渡到正常饲喂量。哺乳母猪的喂料量，应根据不同的个体区别对待。对于带仔多的母猪，要充分饲养，防止因营养不足造成无奶或少奶。对于带仔少的母猪，则要适当控制喂料量，防止断奶时体况过肥。泌乳期的饲粮配合应保持相对稳定。为保持母猪良好的食欲和采食量，应增加日饲喂次数，每次要少喂勤添，一般日喂3～4次，如能在夜间再喂1次则效果更好，每次间隔时间要均匀，做到定时、定量。对母猪投料量要掌握“吃饱、吃光、下顿还慌”的原则，哺乳母猪切忌饲喂霉烂、腐败和变质的饲料，以免引起母猪和仔猪的下痢、中毒及其他疾病。猪乳含水分多达80%以上，泌乳需要大量水分，每日每头大致需饮水12～14千克，应保证清洁饮水的供应，让母猪自由饮水更好。

试验表明，泌乳不足的母猪所哺育的仔猪，断奶体重较正常断奶仔猪低40%～50%。因此，要经常检查母猪的泌乳情况。在生产实践中，一般是以仔猪生后20天的窝重来表示母猪的泌乳量，又称泌乳力。也可根据以下情况，来判断泌乳量的高低。凡泌乳量多的母猪所哺育的仔猪，生后3天左右开始上膘，仔猪活泼健壮，被毛光亮紧贴皮肤；凡左右两排乳房膨大，乳头下垂，仔猪吃奶时，拱奶时间短，吮乳(母猪放乳)时间长，放乳前后乳房体积有显著差异的母猪泌乳量高；泌乳期掉膘快的母猪泌乳量高；如果仔猪随母猪开食早，仔猪哺乳时时常咬架，以致仔猪面部带伤，母猪乳头有咬伤者，是泌乳量低的表现。

对泌乳量不足的母猪，应分析原因，改进饲养管理，进行人工催乳，如适当增加精料喂量，或增加富含蛋白质的催乳饲料，或用药物催乳，产后泌乳过旺的母猪，可适当减少精料喂量，以防乳汁过多、过浓，引起仔猪消化不良而下痢，或母猪发生乳房炎。断奶前3～5天，体况好泌乳量还高的母猪应减料使泌乳量减少以利于断奶。

(四)泌乳母猪的管理要点

1. 创造良好的生活环境　环境条件对泌乳活动及仔猪的健康影响很大。保持哺乳猪舍的安静，减少各种不利因素的干扰，让母猪得到充分休息，有利于泌乳。保持清洁、干燥、卫生、通风良好的环境，可减少母猪、特别是仔猪感染疾病的机会，有利于母、仔健康。在炎热季节要注意防暑降温，以免影响母猪采食量，冬季则要采取防寒保暖措施，以利于仔猪生长。

2. 切实注意泌乳母猪乳房和乳头的护理　母猪乳腺的

发育与仔猪的吸吮有很大关系，所以对母猪（特别是头胎母猪）的乳头都要得到均匀利用，否则就会出现乳房大小悬殊，发育好的泌乳多，发育差者泌乳少。当头胎母猪产仔过少时，可采取并窝的办法来解决。若无并窝条件时，则应训练一头仔猪吸吮几个乳头，尤其要训练仔猪吸吮母猪后部的乳房，防止未被利用的乳房萎缩，影响下一胎仔猪的吸吮。同时要经常保持哺乳母猪乳房的清洁卫生，特别要在断奶前几天内，通过控制精料和多汁饲料的喂量，使其减少或停止乳汁的分泌，以防母猪发生乳房炎。

3. 注意运动，多晒太阳　增强运动和使猪多晒太阳是保证母、仔健康，促进乳汁分泌的重要条件。

4. 注意观察　饲养人员要随时观察母猪采食、粪便、精神状态及仔猪的生长发育，以便判断母猪的健康状态。如有异常应及时报告兽医查清原因，采取治疗措施。

第三节　种猪后备阶段的饲养管理

养好后备猪对提高整个种猪群有很大影响。培育后备猪的任务是获得体格健壮、发育良好、具有品种的典型特征和高度种用价值的种猪。猪场为了保持较高的生产水平，每年必须选留和培育出占种猪群 25%～30%的后备公、母猪，用来补充、替换年老体弱、繁殖性能降低的种公、母猪，保持种猪群以青壮年种猪为主体的结构比例，才能保持并逐年提高养猪生产水平和经济效益。可见，后备猪的科学饲养管理至关重要，千万不可忽视。

一、后备猪的饲养技术

后备猪生长发育快，而且主要是长骨骼和肌肉。对蛋白质、矿物质和维生素需要多，对粗饲料的消化能力不及成年猪。因此，养后备猪一定要与成年猪和肥育猪有所区别。后备猪要喂给全价日粮，就是要按照其不同的生长发育阶段配合饲料。体重35～40千克以前，精饲料比例要高些，青粗饲料要相对少些，饲料搭配要多样化，至少要有5种以上，而且原料的种类尽可能稳定不变，还要注意适当搭配豆饼、花生饼、豆类、鱼粉等蛋白质饲料和骨粉、食盐等矿物质饲料。后备猪在4月龄前一定要精心饲养，以全价配合饲料为主，以后可增加一定量的青粗饲料，可起到锻炼消化器官并防止过肥的良好效果。

后备猪的饲养，一般采取前高后低的营养水平，同时采用前期敞开、后期限量的饲养方式。育成期日粮饲喂量，占其体重的2.5%～3%，体重80千克以后，喂量占体重的2%～2.5%。适当的饲喂量，既可保证后备猪良好的生长发育，又可控制体重的高速增长。一般引入猪种和培育品种后备猪的体重，应控制在以下范围内：5月龄70～80千克，6月龄90～100千克，7月龄110～120千克，8月龄130～140千克。

二、后备猪的管理要点

（一）分群管理 后备猪也要按体重大小、强弱和性别分群饲养，每圈可养4～6头，随着年龄和体重的增长，可逐渐减少每圈头数。饲养密度不能过高，否则会影响生长发育，出现咬尾或咬耳的恶癖。

（二）加强运动 运动可以锻炼身体，增强代谢功能，促进骨骼和肌肉的正常发育，保证匀称结实的体型，防止过肥或肢体软弱，促进性活动能力。因此，后备猪舍应有运动场。有条件的猪场采用放牧运动，对促进生长发育和增强抗病力的效果更佳。

（三）注意调教 后备猪从小要做好调教工作，使其养成定点采食、睡觉和排泄粪便的习惯。在日常管理中进行口令和触摸等亲和训练，为以后的采精、配种、接产打下良好基础。

（四）定期称重 后备猪最好按月称量个体重，通过各月龄体重变化可比较生长发育的优劣，以便适时调整营养水平和饲料投喂量，从而达到后备猪不同月龄发育标准的要求。

（五）精心管理后备公猪 后备公猪要比后备母猪难养，性成熟后常会烦躁不安，互相爬跨，不好好吃食，生长迟缓，特别是性成熟早的猪，更为突出。为了克服这种现象，当后备公猪达到性成熟后，应实行单圈饲养，除自由运动外，最好采用放牧或驱赶运动，加大运动量，减少呆在圈内的时间，这样既可促进食欲，增强体质，又可避免恶癖的发生。后备公猪的营养水平，应比后备母猪高一些。日粮中青粗饲料比例，应比后备母猪低些，以免撑大胃肠形成垂腹，妨碍以后配种。

（六）日常管理 后备猪的日常管理，同样需要防寒保暖和防暑降温，保持干燥和清洁的环境卫生。

第七章　种猪的防疫与常见病防治

第一节　种猪场的防疫措施

规模化养猪的特点是饲养数量多，饲养密度大，生猪周转快，容易引起猪疫病的传播和流行，造成的损失也很大。在兽医防疫工作上，采用传统的养猪防疫技术（注射疫苗、对症治疗）已不能有效控制猪疫病的发生和传播。为此，种猪场必须坚持常年防疫、全方位防疫。也就是说，在统一指挥下，以畜牧技术人员为主，在饲养员、配种员及后勤服务人员的密切配合下，切实做好猪病防疫工作，树立“预防为主”的思想，从产前、产中和产后着手，对种公猪、种母猪、后备种猪以及仔猪进行全面防疫。通过对人、猪、饲料、建筑物及环境，采取全方位的防疫措施，达到消灭病原、控制猪疫病的目的。

一、种猪的免疫程序

免疫接种是控制猪疫病流行的重要措施。种猪场应根据本地区及周边地区猪病疫情动态，结合本场生产实际，制订种猪的免疫程序。种猪的免疫程序见附件一。

二、种猪场的日常消毒

消毒是贯彻“预防为主”方针的重要措施，消毒的目的是杀灭被传染源散播于外界环境中的病原体，切断传播途径，控制和消灭猪的疫病。

（一）常用的消毒方法 消毒方法可分为物理、化学及生物热消毒法3种，选择消毒方法时，必须考虑病原体的特性、被消毒物体的性质和经济价值等。

1. 物理消毒法 具体包括机械清扫、日光或紫外线照射、煮沸、高压蒸汽及火焰喷射等消毒方法。适用于圈舍地面、墙壁、护栏、运动场地、通道、车辆、用具、金属器械、玻璃器皿、工作衣帽以及病死猪尸体的高温化制处理。

2. 化学消毒法 是利用一些具有消毒杀菌作用的化学药品的稀释液来抑制和杀灭病原微生物的方法。其消毒效果既快又好，所以是兽医卫生防疫最常采用的消毒方法。常用的化学消毒剂有以下几种。

（1）氢氧化钠（烧碱） 对细菌和病毒都有强大的杀灭作用。常配制成2%～3%的水溶液。适用于被细菌（巴氏杆菌、沙门氏杆菌等）或病毒（口蹄疫、猪瘟、猪细小病毒等）污染的圈舍、地面、墙壁、运动场地和车辆等的消毒。本品对金属物品有腐蚀性，消毒完毕要用水冲洗干净。对猪的皮肤和黏膜有刺激性，所以消毒猪舍时要把猪赶出圈舍，消毒持续4小时，然后用水冲洗饲槽等设施后，方可允许猪入舍进圈。

（2）碳酸钠（食用碱） 常配制成4%水溶液，用于圈舍地面、墙壁、场地、车辆、用具等的喷洒消毒。对工作衣、帽、手套等用浸泡或洗刷能达到消毒、去污的目的。用1%碳酸钠溶液，煮沸消毒外科器械，不仅灭菌彻底，而且还有去污和防止金属器械生锈的作用。

（3）石灰乳 常用10%～20%的乳剂。配制方法是将生石灰（氧化钙）1份，加水1份，使其变成熟石灰（氢氧化钙），再用水配制成10%～20%的混悬液（必须现配现用）。该乳剂有相当强的杀菌作用。适用于圈舍地面、墙壁、运动场地、车辆、工具的消毒。对于粪池、尸体坑及阴湿沟渠都有良好的消毒效果。

(4)过氧乙酸(过醋酸) 本品为强氧化剂，消毒效果很好，能杀灭细菌及其芽孢、病毒和真菌等病原微生物。市售成品为40%水溶液，要注意密闭、避光和凉处保存，有效期半年。使用浓度为0.2%～0.5%，常用于猪体表的喷雾消毒，对保育猪舍和产房进行定期消毒时，不需要将猪赶出猪舍。由于本品分解后形成一种无毒的产物，所以不会对猪有危害。

(5)福尔马林 市售成品含甲醛37%～40%。常配制成2%～4%的甲醛水溶液，用于圈舍地面、墙壁、运动场地、车辆等的喷雾消毒，由于杀菌作用很强(可以杀死细菌芽孢)，所以消毒效果很好。另外，1%的甲醛水溶液，还可用于猪体表喷雾消毒。

(6)来苏儿 又称煤酚皂溶液。对一般性病原微生物具有良好的杀灭作用，对细菌芽孢和结核杆菌的作用差一些。常用浓度为2%～4%来苏儿水溶液，适用于圈舍地面、墙壁、饲糟、用具及车辆等的喷洒消毒。工作衣、帽及工作人员的手臂用浸泡和洗涤消毒。

(7)新洁尔灭 是季胺盐类阳离子表面活性消毒剂。纯品为5%的水溶液，其特性是毒性低、无腐蚀性，对一般性病原微生物均有很强的杀灭作用。常用0.1%新洁尔灭水溶液(即1∶50倍稀释)浸泡器械、玻璃器皿及敷料等。使用该消毒液时，应注意避免接触碱类和肥皂，否则会降低消毒效果。

(8)氨水 将化肥厂生产的农用氨水(含氨量18%)用水稀释成5%的氨水溶液。适用于圈舍地面、运动场地及粪便污物的喷洒消毒。对一般的病原微生物都有杀灭作用，有价格低廉、提高肥效的作用。稀释方法是量取农用氨水2 500

毫升(5 斤)加水 6 500 毫升(13 斤),合计 9 000 毫升(18 斤),供喷洒消毒用。

(9)戊二醛　市售成品是含 25%戊二醛的水溶液,其杀菌能力高于福尔马林,是一种高效广谱杀菌消毒剂。常配制成 2%的戊二醛水溶液(1∶12 倍稀释),适用于用塑料、橡胶制作的医疗器械和仪器设备的喷洒或擦拭消毒。能在短时间内杀灭各类病毒,10 分钟内杀死结核杆菌,3～4 小时内杀死细菌芽孢。

3. 生物热消毒法　主要用于粪便及废弃污物的生物发酵处理。在粪便堆沤过程中,存在于粪便中的一般的非嗜热菌的发育,使堆肥内的温度提高到 30℃～35℃,然后存在于粪便和土壤中的嗜热菌开始生长发育,将堆肥的温度逐渐提高到 60℃～75℃。在此温度下,大多数的病毒、病原菌(芽孢除外)、寄生虫虫卵及其幼虫,在几天至几周时间内便可死亡,达到消毒和无害化处理的目的。

(二)种猪场环境及各生产环节的消毒

1. 绿化美化环境　在种猪场围墙四周、猪舍之间、道路两旁,植树种花,铺上草坪,达到公园式的绿化标准。绿化美化既可以防暑降温、防御风沙,又能够净化空气,起防疫屏障作用,为猪群营造一个良好的外部环境,以利生长,减少猪疫病的发生。对猪场环境每月用 2%～3%氢氧化钠溶液进行 2 次喷雾消毒。

2. 场大门有值班室、消毒室和消毒池　值班室及消毒室门口,应设置供人踩踏、内盛 2%～3%氢氧化钠溶液的消毒池。消毒室内应配备紫外线灯对人进行照射消毒。所有入场人员必须脚踩消毒液进入消毒室,接受 8～10 分钟紫外线灯的照射消毒后方能进场。场大门口应修建固定的长 3 米,宽与门同宽的水泥结构的消毒池，池内投放2%～3%氢氧化钠水溶液或新鲜熟石灰，对进场车辆的轮胎进行消毒，车身和底盘用2%～4%福尔马林溶液进行喷洒消毒。

3. 猪舍的消毒

(1)种猪圈舍的消毒　种猪圈舍的饲养员们，在做好自己负责圈舍的日常扫除工作的同时，每周对圈舍地面、墙壁、饲槽、饮水器具、过道、护栏等设施进行一次彻底清扫或冲洗，做到清洁卫生，不留死角。在此基础上，对圈舍及其设施用2%～3%氢氧化钠溶液每周进行喷洒消毒1次。对猪舍门口的消毒池，同步进行清扫和更换药液。

(2)种母猪产房的消毒　除每周用0.2%～0.5%过氧乙酸溶液进行带猪消毒，还应进行随时消毒。饲养员应坚守工作岗位，除按时饲喂外，还应随时巡查10天内仔猪的哺乳和排粪情况，发现黄痢等异常情况时，要及时清除，随时消毒并报告值班兽医治疗。护仔栏内的垫板及垫料，正常情况下每3天用0.2%～0.5%过氧乙酸溶液消毒1次，发生黄痢时应每天更换并消毒。

(3)隔离圈舍的消毒　隔离圈舍是对病猪或可疑病猪进行隔离、观察及治疗的场所，被病原体污染的几率大，是种猪场进行消毒的重点。多采用终末消毒(即全面彻底的大消毒)。对圈舍地面、墙壁，经高压流水彻底冲洗后用2%～3%氢氧化钠溶液进行喷洒消毒。对饲槽、护栏和用具等用2%～4%甲醛溶液进行喷洒消毒。对粪便及垫料用5%氨水溶液喷洒消毒，或用1∶1生石灰和水制成熟石灰(氢氧化钙)撒盖消毒。

4. 猪体消毒　妊娠母猪在转入产房前3～5天时，用0.2～0.5%过氧乙酸溶液对体表进行喷雾消毒；母猪外阴部及乳房用0.1%高锰酸钾溶液进行擦拭消毒后方可转入产房。

母猪临产前用0.1%高锰酸钾溶液擦拭乳房、外阴及后躯。

种公猪在配种前用0.1%高锰酸钾溶液擦拭睾丸、包皮，用以除垢消毒。发情母猪在配种前用0.1%高锰酸钾溶液对其外阴部及后躯进行擦拭消毒。

对保育猪舍的断奶仔猪、中猪和后备母猪，每半月用2%来苏儿溶液进行带猪消毒，既能消毒灭源，又能防治猪疥螨病。

5. 工作人员的消毒　工作人员在进入生产区前必须更衣帽、换鞋、洗手消毒。工作衣、鞋、帽每周必须清洗和消毒1次。

6. 粪便的消毒　猪场产生的大量粪便，要及时清除并运至粪便堆放坑或沼气发酵池内进行生物热消毒除菌。

第二节　种猪常用诊疗技术

一、猪的正常生理指标

体温：38℃～40℃；呼吸：10～20次/分；脉搏：60～80次/分。

二、种猪的临床检查方法

种猪的临床检查方法，生产中常以群体检查和个体检查相结合的方法进行。

(一)群体检查　主要包括静、动、食观察。具体实施是兽医深入圈舍，在不惊扰猪的情况下，以“看、听”的方法，仔细观察猪的精神、卧地姿势、呼吸等状态，注意有无咳嗽、气喘、呻吟、流涎和孤立一隅等反常现象。然后将猪哄起，驱赶行走，观察走路姿势有无异常，如跛行，不能行走等。利用饲喂机会，观察其采食、饮水情况，注意有无少食少饮、不食不饮和想食不能吞咽等现象。凡发现有上述异常症状的猪，应隔离后进行较详细的个体临床检查。

(二)个体检查　猪的个体临床检查是用“看、听、摸、检”的方法，对群体检查时发现有异常表现或症状的可疑病猪，进行比较详细的临床检查，检查的重点项目如下。

1. 检测体温　是早期发现和诊断猪传染性疾病的最有效的方法，在猪病防治上有着十分重要的作用。从实际工作中知道，猪的体温变化以升高为主，体温升高的原因，又以传染性病症所致为甚。所以，猪体温的变化在很大程度上为诊断猪病提供了依据。如猪体温突然升高至 41℃～42℃（中热或高热），呈稽留热的可能是猪瘟；体温突然升高至 42℃～43℃（高热或极高热）的，有可能是急性猪丹毒；体温突然升高至 41℃左右（中热）的，可能是猪口蹄疫、猪流感等。

检测体温最常用体温计肛测法。测温前将体温计的水银柱甩至 35℃以下，然后缓缓插入猪的肛门内，经 3 分钟后取出观察并做记录。

2. 检查呼吸次数和类型　在猪处于相对安静的状态下，检查其呼吸次数及类型。健康猪的呼吸次数为 10～20 次/分，呈平稳的胸腹式呼吸。在病理情况下，尤其是肺部发生病变时，呼吸次数明显增加，有气喘，呈腹式呼吸。在猪肺疫、猪气喘病时，病猪常有犬坐式张口呼吸的症状。

3. 检查被毛和皮肤的变化　皮肤检查在诊断猪的传染

病上有着相当重要的作用。健康猪的被毛整齐有光泽，不易脱落。皮肤颜色正常，无出血、肿胀和溃烂等变化。病猪的被毛和皮肤，因为病原体的不同，可以出现各种不同的变化。猪疥螨病时，被毛成片脱落，皮肤变厚、变硬，出现搔痒和摩擦致伤等症状。典型猪瘟时在四肢、腹部甚至全身皮肤上，出现大小不等的点状出血。急性猪丹毒时，有的病例在头、颈部及胸、腹部皮肤上发生充血性红斑，融合成大片的紫红色淤血区。疹块型猪丹毒，则在颈、肩、背部的皮肤上出现微突出于皮肤的淡红色或暗紫色疹块。猪坏死杆菌病时，皮肤呈现局灶性坏死、溃烂变化，并向肌肉深部蔓延，有恶臭味。

4. 眼结膜及其分泌物的检查　健康猪的眼结膜呈淡红色。在病理情况下，眼结膜的变化有以下几种。

(1)苍白(贫血)　眼结膜呈灰白色，多见于仔猪缺铁性贫血、营养不良性贫血等。

(2)潮红(充血)　眼结膜呈弥漫性红色，也称“红眼病”。多见于一些传染病和发热性疾病，如猪瘟、猪肺疫、支气管炎、胃肠炎等。

(3)发绀(暗紫色)　眼结膜呈现不同程度的紫红色，发绀表示血氧不足，是病情严重的象征，多见于心肺循环障碍和呼吸系统疾病，如猪肺疫、猪气喘病和中毒性疾病等。

(4)发黄(黄疸)　眼结膜呈现不同程度的黄色。多见于猪的中毒性疾病、胆管阻塞或结石以及胃肠道疾病等。

(5)炎性肿胀　眼结膜发炎肿胀，上下眼睑紧闭难睁。除见于眼病外，有诊断意义的则见于猪水肿病。

(6)眼结膜分泌物　根据分泌物的性质(浆液性、黏液性和脓性)对诊断猪病有一定的参考价值。如猪瘟、猪肺疫时多有黏脓性眼眵。猪流感时多为浆黏性分泌物。

5. **口腔、鼻盘及蹄的检查** 检查的目的在于早期发现或诊断猪口蹄疫及猪传染性水泡病。其特征性症状是在口、鼻盘及蹄的皮肤和黏膜上出现水泡和烂斑，走路跛行，严重的蹄壳脱落，运步艰难，常卧地不起。由于猪两泡病的症状非常相似，从临诊上难以进行鉴别，只能从流行病学上来区别，一般猪传染性水泡病只发生于猪，而猪口蹄疫时，当地牛、羊也常有口蹄疫流行。

由于口蹄疫是国家重点防控的疾病，发现可疑病例时必须上报当地畜牧兽医主管部门进行确诊和处理。

6. 检查粪尿排泄情况 注意查看粪尿排出次数、粪尿的颜色和形状等，临床常见以下症状。

(1)便泌 排粪次数少，粪球干小。一般与饮水不足有关，如果同时有体温升高时，应考虑患有发热性疾病的可能。猪三瘟(猪瘟、猪丹毒、猪肺疫)的初期，常排出干小带污红色黏液的粪球。

(2)腹泻 排粪频繁或失禁，粪便呈稀糊状或水样。轻度腹泻表现粪不成形，粪液分离，粪中混有未消化的饲料，一般多见于消化不良等。严重腹泻粪便呈稀糊状，具腥臭味，多见于仔猪黄痢、白痢、猪副伤寒、猪传染性胃肠炎、猪痢疾等。

(3)血便 即粪便中混有血液，表示消化道有出血。多见于猪中毒性胃肠炎、肠套叠及猪瘟等。

(4)血尿及血红蛋白尿 血尿是尿中混有血丝或血凝块。血红蛋白尿是尿中有血红蛋白，尿呈棕红色或茶色。多与泌尿器官的损伤，败血病及中毒性疾病有关。

三、猪的注射方法和投药途径

(一)注射器的消毒 注射器有金属注射器(兽用)和玻璃

注射器(人用)。猪常用规格为10毫升,20毫升,针头规格为兽用16～20号。消毒时多采用煮沸消毒法。通常采用电热煮沸消毒器,也可以用普通钢精锅置煤气炉上蒸煮。消毒前将所用的注射器用清水洗涤后抽出活塞,包上消毒巾,有序地放入消毒锅内。针头集中于一个小针盒内放入锅内。静脉输入器(橡胶制品)也用消毒巾包裹后放入消毒锅内。最后放上镊子。消毒锅加盖,加热煮沸30分钟。待冷却后取出安装,放置在有盖消毒盘内备用。有条件的可以用高压消毒锅进行消毒。

(二)注射方法

1. *皮下注射法*　用于注射药液、血清及疫苗。凡皮薄、皮下疏松的部位均可注射。猪在耳根后方及腹股沟区的皮下注射。采用金属注射器,针头可以连于注射器上,注射部位剪毛并涂擦碘酒,用左手拇指、食指及中指捏起皮肤形成皱褶,右手持注射器,使皮肤和针头呈45°角,迅速刺入皮肤皱褶,然后左手固定针头,用右手推注药液,注射剂量为1～10毫升。如果要注射大剂量药液时,可采用腹腔注射法。

2. *肌内注射法*　用于注射治疗药液和疫苗。凡肌肉丰满,血管较少的部位,均可进行肌内注射。猪一般在颈侧或臀部注射。仔猪和中猪需要助手抓猪保定,局部涂擦碘酊后,右手持注射器垂直刺入肌肉,左手固定针头,右手将注射器内塞回抽一下,如无回血,即可缓缓注入药液,然后拔出针头,用碘酊棉签按压消毒。成年公、母猪的肌内注射,宜在保定架内或以木桩固定后分两步进行。即先将注射针头取下,以右手拇、食、中指紧持针头尾部,对准用碘酊涂擦消毒的注射部位,迅速垂直皮肤刺入肌肉(进针深度要留有余地,以免折断后难以将断针拔出),然后接上注射器,回抽活塞如无回血,可快速推入药液后，按上述常规处理。如果肌内注射疫苗，可采用飞针注射法。具体方法是将疫苗药液吸入金属注射器，调好注射剂量，在猪低头采食时，右手持注射器，对准颈侧注射部位，迅速连刺带推，瞬间完成注射。

3. 腹腔注射法　是猪比较常用的注射方法，用于大剂量注射血清、磺胺类药液及营养液等，注射部位可因小猪、大猪而有不同。

(1)小猪　由助手将小猪从两后腿倒提起来，两腿夹住小猪的头颈，使猪的腹部向着术着，猪的肠道下移，在耻骨前缘下方 3～5 厘米中线侧方，碘酊消毒后用 18 号兽用针头，与腹壁垂直刺入注射器针头，以左手固定针头，右手轻推注射器活塞，感觉无阻力时注入药液（图 7-1）。

图 7-1　仔猪腹腔注射法

(2)大猪　由助手抓住猪耳，使其靠墙或护栏站立保定。注射部位是腹胁肷部。经剪毛，碘酊局部消毒后，术者右手持注射器，将针头（16～18号兽用针头）与腹壁垂直刺入皮肤，然后错位刺透腹壁，轻推注射器活塞感觉无阻力时，将药液全部注入腹腔。

4. 静脉注射法　猪静脉注射的部位是耳静脉（耳背面血管）。猪耳静脉注射时，先用一条橡皮带捆扎耳根部，使耳静脉臌起，再以酒精棉签擦拭耳背面臌起的静脉血管，用18号灭菌针头与血管呈30°角刺入血管流血后，立即用左手按着针头，用右手接上注射器或静脉输入器滴管接头，并松开橡皮带，推注药液或静脉滴注药液，输液速度不宜太快，经常注意液体流动通畅。如注射部位肿胀，液体流动也不畅，说明已发生滚针，应调整针头或换位重注。注射完毕后用碘酊棉球紧压刺针处止血消毒。

（四）猪的投药方法

1. 口服法　当药物没有特殊气味，而且病猪尚有食欲的情况下，可将药物与少量精饲料搅拌在一起，让其自由采食。如果要用药物驱除猪体内、外寄生虫时，可以让猪事先饥饿4～8小时，然后将准备好的驱虫药，掺拌于精饲料中，让猪在短时间内吞食服下。

2. 胃管投送法　一般多用于中等大小的架子猪。将猪头从两耳根处抓起，呈半仰犬坐式保定，再将∪型把柄式猪开口器，放入口角撑开口腔，送胃管至咽喉处，随吞咽动作将胃管送入食管及胃内，用橡皮球连接胃管，手指按压橡皮球，使气体进入胃内，皮球凹陷不弹起，可以确定胃管已送入胃内。在胃管上接上漏斗，药液加入漏斗流入胃内，轻轻抽出胃管。

3. 胶囊投药　将装有金霉素、四环素粉的药物胶囊，通过器械或术者的手送入子宫，防治因助产或胎衣不下而引起子宫内膜炎、败血性感染等疾病。

四、小公猪去势术

(一)保定 术者右手提起小公猪的右后腿,左手抓住同侧膝前皱壁,使小公猪呈左侧倒卧,背向术者。术者以左脚踩住颈部,右脚踏住尾根,并用左手腕部按压右侧大腿的后部,使该肢向前向上靠紧腹壁,以充分暴露睾丸。

(二)手术方法 小公猪由术者一个人保定和施术。以左手中指背面由前向后顶住睾丸,拇指和食指捏住阴囊基部,将睾丸挤向阴囊底壁,使局部绷紧。右手持刀,在睾丸最突出部与阴囊中缝平行方向扎入刀尖,切透阴囊各层并左右扩创,睾丸即被挤出。左手向外牵拉睾丸,用右手拇指、食指、中指的指端向内侧刮挫精索。从原切口通过阴囊纵隔再做一切口,挤出另一侧睾丸,以同法摘除。

五、母猪阉割术

(一)小挑花 适用于1～2个月的小母猪。

1. 保定 以左手提起小母猪的左后腿,右手抓住同侧膝前皱壁,使猪成右侧倒卧,头在术者之右,背向术者。术者用右脚踩住猪的颈部,然后把小猪左后腿向后展直,并把腿的前面转朝上面,再用左脚踩住该肢,使小猪前部成右侧卧,后部成半仰卧姿势。整个猪体一定要平展。

2. 手术部位 术者左手中指抵住左侧髋结节(胯尖),拇指压在同侧腹壁上,使中指、拇指在同一条直线上,拇指指端要按在同侧乳头与膝前皱壁之间中点的稍外方,此处就是切口的位置(图7-2)。

仔猪营养好、发育快的,切口可稍偏腹侧;营养差、身体消瘦的,切口可稍偏背侧;在饲喂后不久、腹腔内容物较多时,

图 7-2 母猪阉割术(小挑花)

切口可稍偏后;在腹腔内容物偏少时,切口可稍偏前。俗称"饥朝前,饱朝后,肥靠内,瘦靠外",就是这个意思。

3. 手术方法 第一步:手术部位确定后,以左手拇指用力按压腹壁,右手以执笔式持刀,用中指逼住刀尖(以控制切口深浅),沿左手拇指端边缘紧挨皮肤,此时左手拇指上抬,利用腹壁弹力,刀尖刺入腹壁并切透,切口大小为 0.6~1 厘米。一次切透皮肤和腹壁肌肉层,再用刀柄端捣破腹膜,并向左右扩大。在捣破腹膜时,似有一种穿透薄膜的感觉,同时有腹水流出。在左手拇指同时按压局部的情况下,子宫角可从切口内自行突出,若不能突出,可将刀柄左右摇晃,并用刀柄端向骨盆腔内钩取。第二步:当子宫角暴露于切口之外时,以两手自然屈曲,继续压迫腹壁,再用两手拇指、食指交替拉出子宫角、卵巢,连带子宫体一并摘除。因切口很小不必缝合。

(二)大挑花 适用于 3 个月以上的健康母猪。术前要进行母猪发情检查和妊娠检查,对未发情和未妊娠的母猪可以施行手术。

1. 保定 采取右侧卧保定,使猪的背部向着术者,头和后肢由助手参与保定。

2. 手术部位 较小的或体瘦的母猪,在肷部三角区的中央做切口;较大的或膘情好的母猪,可在肷部三角区的后下 1/3 处做切口(图 7-3)。

3. 手术方法　左手拇指在髋结节前端垂直向下2～3厘米处按住左髂区，沿手指边缘做2～3厘米长的弧形切口，切透皮肤，用右手食指戳破腹肌并用力戳破腹膜。右手食指经切口伸入腹腔至腰椎左侧，由前向后探摸左侧卵巢，摸到左侧卵巢后，用食指尖压住，并沿着腹壁向外钩出。当卵巢到达切口时，可借助刀柄的钩钩出左侧卵巢。再用右手食指继续探摸右侧卵巢。如果右侧卵巢不易找到时，可顺着左侧子宫角去找，找到后拉出于切口外，以缝合线结扎卵巢系膜，并切除两侧卵巢。用螺旋形缝合法缝合腹膜，撒布消炎粉后用结节缝合法缝合皮肤2～3针，术部碘酊消毒。

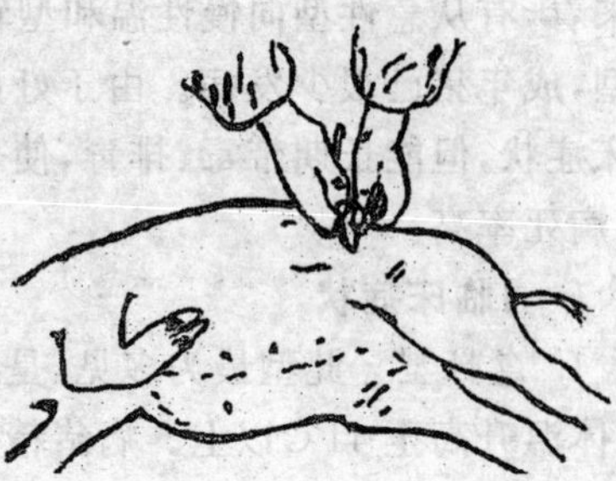

图7-3　母猪阉割术(大挑花)

第三节　种猪常见病的防治

一、猪　瘟

猪瘟是猪的一种传染性很强的疾病，其特征为急性经过、高热稽留型，病死率很高。给养猪业造成很大的经济损失，严重影响着养猪事业的发展。猪瘟在世界各国都有流行。但近20多年来，在美国、加拿大、澳大利亚、丹麦、瑞典等欧洲国家已消灭了猪瘟。目前在世界范围内，包括我国在内有30多个国家和地区，仍然有猪瘟病例存在。从我国猪瘟疫情分析资料来看，有从急性型向慢性温和型转变的趋势，其症状变得不典型，成年猪已很少发病。由于妊娠母猪感染后虽然不表现临床症状，但能长期带毒、排毒，使仔猪发生先天性感染而发病，病死率高。

（一）临床症状

1. 急性型　此型最为多见，是本病的主要病型。突然发病，体温升高至41℃以上。病猪精神沉郁，两眼无神，眼结膜发炎、潮红（红眼病），眼角有黏性脓性分泌物（眼眵），清晨可见两眼黏封，不易睁开。病初便秘，继而腹泻，粪便带血。鼻盘干、发紫，口、唇、齿龈等处有出血斑点。耳根、颈、胸、腹部及四肢皮肤上有暗红色点状出血。

2. 温和型　是由毒力较弱的病毒株引起的。症状和病变不典型，病死率比较低，成年猪很少发病出现症状。初生乳猪和小猪却常感染发病，病死率高。较大的猪病程较长，有的能耐过感染，存活下来，但能形成长时间带毒、排毒，对猪场疫病防制构成威胁。

妊娠母猪感染温和型猪瘟时可发展成“带毒母猪综合症”。根据妊娠期发生感染的时期不同及病毒株的毒力不同，先天性感染的结果可分别导致流产、木乃伊胎儿、死胎、出生后的猪衰弱并打颤、新生期死亡或出生后表面健康，但仍带毒。

（二）病理变化　猪瘟的病理变化主要由于病毒损害小血管内皮细胞，引起水肿变性，出血或梗塞所致。眼观变化以出血为主。

1. 急性型　除临诊上所见的出血变化外，黏膜、浆膜、淋巴结、心、肺、肾、膀胱、胆囊等处常有数量不等、程度不一的出血变化，一般为点状、密集或散在。淋巴结肿大、出血呈大理石样变化。肾脏不肿大，在贫血背景上有点状出血。脾脏不肿大，边缘有出血性梗死灶。肺脏充血，有小块状出血。喉头、扁桃体等也有大小不等的出血点。

2. 温和型　多见于小猪和妊娠母猪感染猪瘟弱毒株后所产的弱小仔猪、死胎及木乃伊胎儿。主要病变为全身或局部组织水肿，体表有出血，胸、腹腔有积水，小脑发育不全等。

(三)诊断　猪群发病后，根据临床症状，流行病学及病理解剖学变化，对急性典型猪瘟，可以做出较为确实的诊断。对妊娠母猪感染猪瘟弱毒株引起流产、死胎、木乃伊胎及弱仔病例的诊断，需要采取病料送当地兽医主管部门化验确诊。

(四)防制措施

1. 坚持自繁自养的原则　尽可能地不由外地引进新猪。

2. 适时地调整种猪的免疫程序　母猪不要在妊娠期间注射猪瘟活疫苗。无猪瘟发生过的猪场，仔猪采用 20 日龄、60 日龄免疫接种法。曾经发生过猪瘟的猪场，仔猪应采用超前免疫接种法，即仔猪出生后，于哺乳前皮下注射猪瘟活疫苗 1 头份，经过 1～2 小时后，放出仔猪去母猪身边吃初乳。

3. 加大免疫接种剂量，强化母猪抗体水平　后备母猪在配种前 2～3 周，皮下或肌内注射猪瘟活疫苗 2～4 头份。经产母猪在产后 20 天，皮下或肌内注射猪瘟活疫苗 2～4 头份。使母猪产生坚强的免疫力后再配种，以防母猪妊娠期感染所谓的“繁殖障碍型猪瘟”(暂定名)。

4. 建立健全兽医卫生防疫制度，加强猪的检疫检验工作及时发现猪瘟病猪和隐性感染的带毒猪，做好淘汰处理。

二、猪丹毒

猪丹毒是由猪丹毒杆菌引起猪的一种急性发热性传染

病。主要侵害架子猪。本病广泛流行于世界各地,常以散发性或地方流行性传染,对养猪业的危害也很大。

(一)临床症状

1. 急性败血型　此型最为常见,以突然发病、病程短和病死率高为特征。病猪体温升高至 42℃～43℃,呈稽留热,眼睛清亮,结膜充血,发病急,常有突然死亡的病例。在病猪耳、颈、背部的皮肤上出现充血性红斑(手指按压褪色),继而变为弥漫性紫红色。

2. 亚急性疹块型　其特征是皮肤表面出现疹块,俗称“打火印”。病初精神不振,体温升高至 41℃左右。发病后 2～3 天常于胸、腹、背、肩等处的皮肤上出现疹块,形状呈方形、菱形或圆形,颜色为红色或紫色,稍凸起于皮肤表面,大小约 1～3 厘米,数目从几个至几十个不等。出现疹块后,体温下降,病势减缓,经 10 天左右可自愈。

(二)病理变化

1. 败血型丹毒　全身皮肤呈弥漫性红色。淋巴结明显肿大,切面多汁呈蔷薇红色。脾脏肿大 1～2 倍,呈棕红色。肾脏明显肿大,呈弥漫性暗红色,有急性出血性肾小球肾炎变化。胃和十二指肠黏膜充血、肿胀,出血,呈现出血性炎症变化。

2. 疹块型丹毒　以皮肤疹块为特异变化。疹块与生前无明显差异。

(三)诊断　本病的诊断主要根据临床症状及病理解剖学变化进行综合诊断,一般都能做出确切诊断,必要时进行细菌学检查确诊。

(四)防治措施

1. 继续做好猪丹毒疫苗的预防接种　预防接种是防制

本病的最有效方法。目前大多数集约化养猪场，由于多年来连续进行猪丹毒疫苗的预防接种工作，基本上控制了本病的发生。但是广大农村养殖户，由于不能及时地进行预防接种工作，往往出现免疫空白或免疫失败，致使哺乳仔猪和断奶小猪，常突然发生急性败血型猪丹毒。由于病程急，往往来不及治疗，常于1天内倒地死亡。所以，预防接种工作依然不可放松。

2. *尽早发现病例，及时进行治疗*　对急性型猪丹毒要及时用青霉素3万～5万单位/千克体重静脉注射，每日1次。同时用土霉素2万～5万单位/千克体重肌内注射，每日2次。直到病猪体温下降至正常，食欲恢复并维持24小时以上方可停止治疗。注意：链霉素、卡那霉素及新霉素等对本病无治疗效果。

3. *发生猪丹毒疫情时，立即检查猪群并对发现病猪和疑似病猪及时隔离治疗*　与病猪同群的猪，用青霉素2万～5万单位/千克体重肌内注射，每日2次，连续用药3～4天，对疫情的控制很有作用。对无治疗价值的慢性病例，应及早淘汰处理。对病猪尸体和内脏器官应深埋或高温化制处理。对圈舍地面、墙壁、运动场地用2%～3%氢氧化钠溶液，进行喷洒消毒，每日1次。粪便和垫草堆积后，撒上石灰进行生物热消毒。

三、猪繁殖与呼吸综合征

猪繁殖与呼吸综合征(PRRS)也称蓝耳病或猪神秘病。是一种主要危害猪的新的病毒性传染病。本病于1987年首先在美国暴发，妊娠母猪呈现大批流产、死胎、木乃伊胎及弱仔等症状。1990年冬传入欧洲，先是德国，随后相继发生于荷兰、英国等，使美洲、欧洲、亚洲的主要养猪国家和地区都先后发生了本病。由于本病的发生来势凶猛，所以临诊上称之谓“流产风暴”，给世界养猪业带来巨大的经济损失。据估计，爆发 PRRS，每头母猪造成的经济损失要超过 236 美元。我国作为一个养猪大国，也不会幸免于此病。最早发现于北京、天津等 6 省、直辖市和台湾地区。中国农业科学院哈尔滨兽医研究所已从北京地区猪分离到了猪繁殖与呼吸综合征病毒(PRRSV)。经鉴定属美洲型，但从发病猛烈，病死率高等临床症状来看，又比较接近欧洲型。据初步统计，死亡仔猪 9 万多头，仔猪病死率达 80%以上，使有的猪场濒临倒闭。近年来在全国很多地区都相继有本病暴发，严重影响了我国养猪业的发展，造成了目前市场猪肉相对缺少的情况。

(一)临床症状 由于不同毒株的存在，被病毒感染的猪，往往会出现不同的临床症状，再加上继发感染，使临床症状更趋复杂化。但总的来说，能引起母猪繁殖障碍和生长猪的呼吸道症状。

妊娠母猪主要发生于妊娠后期的母猪，尤其是妊娠107～112 天的临产母猪。病猪突然表现厌食，有的母猪发生咳嗽，打喷嚏等呼吸道症状，类似猪流感。有的母猪表现有低热，体温在 40℃左右。严重病例出现精神沉郁，呼吸困难。有的病例耳尖、耳边呈蓝紫色，四肢末端及阴户发生水肿变化。但最特征的变化是妊娠母猪大批出现流产、死胎、木乃伊胎及弱仔等，病死率高达 80%～100%。

空怀母猪感染后也出现厌食、呼吸困难、咳嗽、发热等症状。常表现受胎率和产仔率明显下降。种公猪感染后可出现暂时性精液减少和精子活力下降。

初生仔猪可以在窝内感染。由于间质性肺炎使呼吸加快或困难。吃奶能力变弱，生长缓慢。病仔猪常因二次感染使病情恶化，断奶前仔猪病死率可达30%～50%。

肥育猪和架子猪感染本病后呈现一过性反应，出现短时间的厌食，轻度咳嗽等。

（二）病理变化 由于PRRSV的感染，能使妊娠后期母猪发生流产、死胎、木乃伊胎及弱仔为特征的繁殖障碍。剖检死胎及生后不久死亡的弱仔猪，发现颌下淋巴结、颈浅背侧淋巴结肿大，仔猪胸、腹腔内积液。肺脏充血，肺胞壁增厚，有单核细胞浸润。肺泡中有变性细胞和蛋白碎片，呈现局限性间质性肺炎变化。

（三）诊断 根据临床症状及病理变化，可以做出初步诊断。

（四）防制措施

1. 积极做好预防注射工作 种母猪在妊娠40天内，用PRRS灭活疫苗进行首免，间隔20天后进行二免，以后每隔6个月肌内注射1次，每次每头4毫升。种公猪与种母猪同步，同量、同方法进行预防注射。仔猪于15～21日龄肌内注射该疫苗1毫升，免疫期6个月，免疫有效保护率在80%以上。是目前种猪场和PRRS阴性场防制PRRS的首选方法。

当猪场受到PRRS威胁或刚发生PRRS时，可采用PRRS灭活疫苗紧急预防注射：种公猪、种母猪及后备猪，每头肌内注射4毫升，仔猪每头肌内注射2毫升。

2. 注意保护猪场环境，落实各生产环节的卫生消毒工作 圈舍地面、墙壁、饲槽用2%～4%来苏儿溶液或2%～4%福尔马林溶液进行喷洒消毒。

四、猪大肠杆菌病

猪大肠杆菌病，由于猪的生长期和病原菌血清型的差异，将引起的疾病分为仔猪黄痢、仔猪白痢和猪水肿病 3 种。

(一)仔猪黄痢 仔猪黄痢为初生仔猪的一种急性、高度致死性的疾病。以腹泻、排黄色液状粪便为特征。多发生于 1 周龄以内的哺乳仔猪，以 1～3 日龄发病最为多见，发病率常在 90%以上，病死率也很高，有的全窝死亡。7 日龄以上的仔猪就很少发病。本病的主要传染源是带菌母猪和被感染的仔猪。传播途径为消化道感染。本病的流行没有季节性，在场内一次流行之后，造成环境污染，以后经常不断发病，只是发病率和病死率有所下降。如不采取有效的防疫措施，是很难平息的。

1. 临床症状　潜伏期一般为 24 小时，短的只有 12 小时。仔猪出生时体况正常，往往于次日突然发现有个别仔猪精神差，不吃乳，全身衰弱，很快死亡。其他仔猪相继发生腹泻，排黄色水样粪便，并混有凝乳小片和气泡，有腥臭味。多数仔猪表现精神抑郁，行动迟缓，不抢着吃乳，排稀便，严重的排粪失禁，眼球下陷，最后因脱水，昏迷而死亡。

2. 病理变化　尸体严重脱水，颈部、腹部皮下常有水肿。肠道膨胀，充满黄色液状内容物和气体，肠黏膜充血，出血，呈急性卡他性炎症变化，以十二指肠的充血、出血变化最为明显。肠系膜淋巴结肿大，有弥漫性出血或小点出血。实质器官有不同程度的变性坏死变化。

3. 诊断　根据发病日龄，腹泻，排黄色稀便，发病率、病死率很高和急性死亡等特点，可以做出初步诊断。需要确诊时由发病仔猪或其新鲜尸体，采取小肠前部内容物进行细菌分离培养和病原的血清型鉴定而做出确诊结论。

4. 防治措施 ①妊娠母猪于产前15天，肌内注射K88菌苗，每头3毫升。能明显降低仔猪黄痢的发病率和病死率。②加强产房卫生管理，保持母猪体表卫生，尤其是乳房区的清洁卫生。产仔后1周之内，哺乳前后要用0.1%高锰酸钾溶液擦拭乳房和乳头，及时清除粪便，并定期用紫外线灯对猪体表及垫料进行照射消毒，做到尽可能的消灭病原。③尽快使仔猪吃上初乳，以便迅速获得初乳抗体，增强仔猪的抗病能力。④选用有效抗菌药物，改进用药方法，仍然是控制本病的有效方法。链霉素、土霉素等对本菌都有抑制作用，但因致病菌株复杂，容易产生抗药性或耐药菌株，使治疗效果欠佳。生产实践中常通过改进用药方法，合理配伍，可以大大提高治疗效果。如仔猪出生后经口滴服几滴链霉素，防治效果相当好；用土霉素配以食醋和白糖的合剂，灌服仔猪，其效果也很好。

(二)仔猪白痢 仔猪白痢是10～30日龄仔猪常发的一种疾病，以排白色或灰白色稀糊状粪便为特征。一窝仔猪中发病率约为50%，病死率低，但能影响仔猪的生长发育，提高饲养成本，给经营者造成一定的经济损失。

1. 临床症状 病猪常突然发生腹泻，排灰白色糊状稀便，具腥臭，性黏腻，发病仔猪的尾部及肛门处黏有粪污。腹泻次数不等；病猪表现畏寒、拱背、行动缓慢、被毛粗糙不洁、发育迟滞。病程短的2～3天，长的1周左右，大多数能自行康复，死亡病例很少。但是也有不少病例发生反复，尤其是在断奶过早，天气突变，冷热不定，卫生条件差的情况，容易诱发二次腹泻，如果发生继发肺炎，予后不良。

2. 病理变化 尸体消瘦，被毛粗糙不洁。肠内容物呈灰白色、酸臭糊状物，部分黏附于肠黏膜上不易擦掉。肠黏膜充血，出血呈卡他性炎症变化。肠系膜淋巴结轻度肿胀。病程长的有肺炎变化。心脏营养不良，心肌柔软，心冠沟脂肪呈胶冻样变化。

3. 诊断　根据临床症状可以做出诊断。

4. 防治措施　①加强饲养管理，做好产房卫生消毒工作，从源头上预防本病的发生。种母猪采用全价配合饲料，以保证母猪泌乳营养的需要。同时在母猪饲料中每日添加土霉素 2～4 克，硫酸亚铁 0.5 克，硫酸铜 0.01 克。从产前 1 个月开始喂至产后 1 个月共 60 天，对预防本病效果良好。对初生仔猪除及时注射牲血素 1 毫升补铁外，要考虑仔猪提早开食补饲问题，用优质乳猪饲料添加土霉素（0.25 克/头/日）、食醋、白糖（适量）进行补饲，既能防治本病，又能提高仔猪增重率。及时清扫产房粪便，定期和随时用 0.1％新洁尔灭溶液，进行带猪喷雾消毒。②选用土霉素等抗菌药物，对病猪给予必要的注射治疗，以防并发症和促使康复。

（三）猪水肿病　猪水肿病是小猪的一种肠毒血症，病原是一些能产生肠毒素的大肠杆菌。主要发生于断奶后 1～3 周的仔猪。病的发生在一定程度上与饲料和饲喂方法的改变、圈舍转移、气候变化有关。一般多见于春、秋季。初生时发生过黄痢的仔猪，一般不发生本病。传染源主要是带菌的母猪和被感染的仔猪，由粪便排出病菌，污染饲料、水源和环境，通过消化道感染。

1. 临床症状　表现突然发病，精神沉郁，食欲不振或不吃，有时口流白沫。体温无明显变化。常孤立一隅，站立时背腰拱起，肌肉震颤，不时抽搐，出现共济失调，前肢或后肢麻痹等神经症状，严重的不能站立，倒地后四肢划动呈游泳状。水肿是本病的特殊症状，常见于脸部、眼睑、眼结膜等处。病程一般为 1～2 天，也有长达 7 天以上的。发病率为 30%～40%，病死率达 90%。

2. 病理变化　主要病变是胃壁发生水肿。切开胃壁往往在胃的大弯部和贲门处的黏膜层和肌肉层之间，出现厚度达 1 厘米的胶冻样水肿。胃底部有弥漫性出血变化。胆囊、喉头、肺、肠系膜及其淋巴结都有不同程度的水肿变化。

3. 诊断　根据临床症状和胃壁、眼睑的水肿变化，可以做出诊断。为了确诊尚需进行细菌学检查（分离病原性大肠杆菌，鉴定其血清型）。

4. 防治措施　目前，对本病的防治尚无很有效的方法，只能从饲养管理、消除应激因素和消炎除菌上做一些对症治疗。①加强断奶仔猪的饲养管理，减少或消除应激因素。断奶分圈时，尽量安排在晚上进行，以减少应激；饲料和饲喂方法不要突然更换，适当限制用高蛋白、高能量的饲料饲喂；在气候多变的季节，要做好防寒保暖工作，尽量保持猪舍温度恒定；断奶外运的仔猪，不宜饲喂过饱，装车不能过于拥挤，以减少应激。②选用土霉素、硫酸链霉素等有效抗菌药物，按常规剂量掺拌于饲料中饲喂断奶仔猪，有明显的预防作用。③有人用捣碎的新鲜大蒜（10 克/头/日），拌料饲喂断奶仔猪，既消毒又健脾胃，对预防本病效果良好。④有条件的猪场，可以试用乳酸菌、EM（有效微生物群）等活菌制剂，饲喂断奶仔猪。这在抑制病原菌的繁殖、建立正常的肠道微生物区系很有帮助，对预防猪水肿病的前景理应看好。

五、猪口蹄疫

口蹄疫是由口蹄疫病毒引起的偶蹄兽的一种急性发热性、高度接触性的传染病。其临诊特征是在口腔黏膜、蹄部及乳房皮肤上发生水泡和溃烂。主要侵害牛、羊、猪、鹿等动物，人也能感染发病。所以，本病具有国际重要性，各国进出口贸易都将其列为主要检疫对象，严加防范。根据最新研究资料表明，当今口蹄病主要在猪群中流行，其原因主要有4个方面：其一，猪群数量大，更新频繁，在高免猪群中几乎每天都有大量非免疫的猪（新生仔猪）补充进来，使其感染几率增高。其二，猪排毒量很大，一头病猪的排毒量是一头病牛、羊的1 000倍以上。其三，仔猪对口蹄疫病毒十分敏感，日龄越小，病死率越高，这是由于仔猪的免疫反应不全所致。其四，目前，猪用口蹄疫疫苗的有效保护率还不够理想。因此，猪口蹄疫的防治，对养猪业的发展十分重要。

（一）临床症状 潜伏期1～2天，病初体温升高至40℃～41℃，精神不振，食欲差。口黏膜（包括唇、舌、齿龈及鼻盘）发生小水泡或糜烂。蹄冠、蹄叉、蹄踵部出现局部发红、发热、敏感等症状，不久形成米粒至蚕豆大的水泡及溃烂。严重者蹄叶发炎，蹄壳脱落，患肢不能着地，常卧地不起。哺乳母猪的乳房、乳头的皮肤上也有溃烂病灶，阴户及睾丸的皮肤很少有病变。哺乳仔猪的口蹄疫，呈现急性胃肠炎和心肌炎而突然死亡，病死率可达60%～80%，病程稍久的可以见到口黏膜及鼻盘上有水泡和糜烂。

（二）病理变化 病猪以蹄部的水泡和溃烂病变为主要特征，口黏膜及鼻盘上的水泡和糜烂，只能在少部分病例可以看到，哺乳仔猪的口蹄疫，则以心肌的变性坏死及胃肠道的出血变化为主。

（三）诊断 由于口蹄疫病毒具有多型性的特点，为了了解当地流行的口蹄疫病毒为何型，可采取病猪蹄部水泡皮或水泡液，置50%甘油生理盐水中，迅速送省级兽医主管单位鉴定毒型。确定毒型的重要性在于目前使用的口蹄疫疫苗有的是单价疫苗，如果毒型和疫苗型别不符合，就不能收到预期的防疫效果。

注意与猪传染性水泡病的鉴别。因为本病的症状与猪传染性水泡病的症状极其相似，从临床症状和病理变化上相区别是很困难的，只能从流行病学上的资料相鉴别。猪口蹄疫除了感染猪、使其发病流行外，本地区牛、羊也会感染发病，流行牛、羊的口蹄疫。而猪传染性水泡病只会引起猪感染发病，而且主要发生于生猪相对集中的饲养场或生猪中转仓库等。本地区牛、羊并不引起感染发病或流行。使两泡病得以相鉴别。

(四)防治措施

(1)严格检疫，控制参观　对集约化养猪场来说，猪口蹄疫是一种“外来病”，一般情况下它是从场外传入的。因此，限制和拒绝未经严格检疫和检验的生猪和肉与肉制品进场，谢绝外来团、队或个人参观与交流，是控制猪口蹄疫传播的最有效的预防措施。

(2)疫苗接种是预防猪口蹄疫的重要环节　疫苗接种时要用与当地流行的病毒型相同的口蹄疫疫苗，有时还需要多价疫苗。总之，应结合当地实际情况进行口蹄疫疫苗接种工作。

(3)经确诊为猪口蹄疫病例的猪场或地区，根据“早、快、严、小”的原则，划定疫点进行封锁，隔离和消毒　隔离猪群应逐头检测体温，视检临床症状。凡蹄部或口、鼻盘处有水泡和溃烂病变的可确定为病猪，体温升高至41℃但无特征性病变的猪，可确定为疑似病猪。对病猪和疑似病猪，进行急宰。肉和内脏经高温处理后可供食用。头、蹄及其副产品做销毁或化制处理。隔离猪群的其他猪(经检查无临床症状,而且体温正常的猪)及封锁区的健康猪应立即进行猪口蹄疫疫苗的接种和隔离观察。

封锁区圈舍地面、墙壁及场地等用2%~3%氢氧化钠溶液或2%~4%福尔马林溶液进行喷洒消毒,每日1次。粪便堆积后撒生石灰进行生物热消毒。

疫区(点)解除封锁的时间,是最后1头病猪急宰后14天,经过全面彻底消毒后,由当地兽医主管部门验收合格,方可解除封锁。

六、猪气喘病

本病在我国称为猪气喘病或猪喘气病。国外称为猪地方流行性肺炎。由于多年来误认为本病的病原体是一种病毒,所以曾称为"猪病毒性肺炎",自1965年确定病原为猪肺炎霉形体后,又称为"猪霉形体性肺炎"。

本病广泛存在于世界各地,发病率在50%左右,病死率不高。患猪长期生长发育不良,生长率减少12%,饲料利用率降低20%。据专家推测,我国每年因此病多消耗饲粮500万吨。

本病的自然病例仅见于猪,不同品种、年龄、性别的猪都能感染发病。病猪及隐性带菌猪是本病的传染源。许多猪场和地区,由于从外地引进种猪时检疫不严格,引进了病猪或隐性带菌猪而暴发本病。病猪能长时间携带病原体,并向体外排出病原体,污染环境,使健康猪感染发病。因此,本病一旦传入猪群,如不采取严格措施,很难彻底扑灭。

(一)临床症状 本病的潜伏期为11~16天。主要症状为咳嗽和气喘。根据病程和临床症状分为急性、慢性和隐性

3个类型。

1. 急性型　常见于新发生本病的猪群，尤其以妊娠母猪及小猪更为多见。病猪突然精神沉郁，头下垂，孤立一隅或趴伏在地，呼吸次数剧增至60～120次/分。病猪呼吸困难，呈腹式呼吸，口鼻流沫，发出哮喘声，似拉风箱，数米之外可闻。体温正常，咳嗽低沉，不愿采食，病程1～2周，病死率较高。

2. 慢性型　本型多见于老疫区的架子猪，后备母猪和肥育猪。主要症状为咳嗽，随着病程的发展，出现不同程度的呼吸困难和气喘。体温正常，病程长，可拖延2～3个月，甚至半年。

3. 隐性型　猪感染后一般不表现临床症状，但用X射线检查或剖检时发现肺炎病变。

(二)病理变化　本病的主要病变在肺，肺门淋巴结和纵隔淋巴结。急性死亡病例，肺脏有不同程度的水肿和气肿。在心叶、尖叶、中间叶及膈叶前缘，出现融合性支气管肺炎变化。早期病变发生于心叶，从粟粒至绿豆大，逐渐扩展，融合成多叶病变，病变颜色为淡红色或灰红色，半透明状。病变区界限明显，象鲜嫩的肌肉样，又称"肉变"。随着病情的加重，病变部颜色变深呈淡紫色，质地柔韧，又称"胰变"或"虾肉样变"。恢复期病例，病变逐渐消散，肺小叶间结缔组织增生变硬，表面下陷形成无气肺，其周围肺组织膨胀不全，肺门淋巴结和纵隔淋巴结显著肿大呈灰白色，切面湿润、外翻，有时边缘轻度充血。严重慢性经过的病例，常因继发细菌感染，引起肺和胸膜的纤维素性、化脓性和坏死性病变。

(三)诊断　根据临床症状和病理解剖学变化，可以基本确诊。隐性型病猪用间接血凝试验确诊。

(四)防治措施

(1)用猪气喘病弱毒疫苗进行预防注射　这是目前防治

本病最有效的方法。该技术为我国首创，具体注射时间和方法如下。

无临诊症状的种公猪、后备猪，每年春、秋季各肌内注射该疫苗1次，每次1.5毫升。种母猪于产后第八天，肌内注射该疫苗1.5毫升，同时给所产仔猪（生后第八天）也肌内注射该疫苗1毫升，生长发育好的可以选留种猪。

有临床症状的种猪，则应隔离治疗或逐步淘汰。对有饲养价值的母猪，用土霉素治疗1～2个疗程后，经检查确实无临床症状的可以配种妊娠，以后入隔离圈舍产仔，在严格隔离，防止流窜的条件下精心饲喂，尽快肥育出栏。

对临床症状比较明显，生产性能又差，没有饲养价值的种母猪，应尽快考虑淘汰。

(2)对慢性或隐性型病猪，在加强饲养管理前提下，进行隔离治疗　用土霉素（40毫克/千克体重）或卡那霉素（3万～4万单位/千克体重）肌内注射，每日1次，5次为1个疗程，一般需要2～3个疗程。据报导，每吨饲料中加入50～200克金霉素喂猪，可以预防猪气喘病，或每吨饲料中加入200克林可霉素，连续饲喂3周，也有预防效果。

七、猪疥癣（猪疥螨病）

猪疥癣是由猪疥螨引起猪皮肤的一种有高度传染性的外寄生虫病。俗称“猪癞”，往往造成猪生长缓慢，饲料报酬降低，饲养成本提高，影响企业经济效益。猪疥螨在冬春寒冷季节比较活跃，通过与病猪直接接触或接触附着有猪疥螨的物体而发生感染。

(一)临床症状及病理变化　猪疥癣多发生于3～4月龄的小猪。病猪表现奇痒，常在墙壁、护栏、饲槽等处擦痒，或以蹄搔擦痒处，有的特别剧烈，甚至蹭破皮肤导致急性皮炎。严重的皮肤粗糙、增厚，形成厚痂，皮肤失去弹性。猪疥癣先从猪头、颈、耳颊部开始，很快蔓延至背部、躯干及后肢内侧。由于病猪常因搔痒不安，严重影响采食和休息，致使其生长缓慢，身体消瘦。

(二)诊断 猪疥癣与猪的皮肤湿疹相鉴别。鉴别时，应从病变区刮取皮屑或痂皮放入平皿内，置低倍显微镜下或放大镜下仔细查找疥螨，以找到猪疥螨为确诊。

(三)防治措施 ①引进种猪时，要仔细检查眼窝及耳内皮肤上有无猪疥螨病变或不洁之物。对皮肤粗糙、变厚、有脱屑的种猪，应拒绝引进。②圈舍应保持清洁干燥，通风透光。定期用2%～4%来苏儿溶液喷洒消毒。③对断奶仔猪选择时机从饲料投放伊维菌素驱虫灭螨，1周后重复1次。④用1∶1 000倍螨净稀释液喷淋猪体，间隔10天再喷淋1次。

八、猪阴道脱及子宫脱

本病主要是指妊娠母猪的阴道和子宫，因分娩时随胎儿翻于阴户之外的一种疾病。多见于营养不良和体质衰弱的怀孕母猪。由于胎水或胎儿过多，子宫过度伸张，阴道周围组织及子宫韧带松弛，发生产后脱出；或助产时抢拉胎儿过猛，使子宫和阴道随胎儿一起拉出阴户之外。

(一)临床症状 猪的阴道脱有部分脱出和完全脱出2种。部分脱出是指部分阴道脱出于阴户之外，呈大小不等的半圆形；完全脱出即阴道全部脱出，直径为碗口大的球形，但子宫颈仍闭锁。子宫脱也有部分脱和全脱之分。部分脱出是在阴道内塞有大小不等的球状物，或部分暴露于阴户之外；完全脱出是大部分子宫和阴道一起脱出并暴露于阴户之外，看上去好象两个分叉的长袋子。脱出部分多为紫红色，表面光滑，质地较硬，有时出现水肿。精神萎顿，不断努责。如果脱出时间过长，则容易发生坏死性炎症，常常予后不好。

(二)防治措施

1. 整复　使其恢复原来位，应及早进行。

(1)整复前的准备工作　①用水灌肠，使直肠内空虚，以免整复中排粪，影响手术的顺利进行。②清理患部表面，将病猪置于前低后高的地方，用0.1%高锰酸钾溶液冲洗脱出的阴道和子宫表面，如脱出部分因水肿难以整复时，可用三棱针多点刺破黏膜挤压排液，使体积缩小，便于整复。③为了防止病猪努责，用水合氯醛5～8克加温水300～500毫升溶解后直肠一次灌注。

(2)整复术　术者握拳将脱出的阴道和子宫顶进阴道，必要时助手握住术者的手腕，协力顶回。当子宫完全脱出时，可将脱出的子宫从靠近阴户部分开始，用两手在其两侧交替向阴道内压进，然后用手在阴道内将子宫整复至正常位置。

2. 固定　整复后常因努责或卧倒时容易脱出，必须加以固定。阴户采用钮孔状缝合。缝合时须松紧适当，既能起到固定，又不影响排尿。也可以在整复后，用77%酒精30毫升，在阴户周围分三点注射于阴道壁的内侧，引起局部组织肿胀起到固定作用。

3. 冲洗消毒　整复后还应多次用0.1%高锰酸钾溶液冲洗子宫，并放入抗生素胶囊，以防继发子宫炎症。

如子宫脱出时间较长，子宫黏膜肿胀严重，无法进行整复或已出现明显出血坏死的，可以考虑做子宫切除术。

九、母猪产后胎衣不下

母猪分娩之后，如果胎衣不能在正常时间内排出，就称胎衣不下。猪胎衣的正常排出时间为 10 分钟至 1 小时。一般情况下，猪的胎衣不下比较少见，而且发生的胎衣不下，也主要是部分胎衣不下。为了准确起见，可以检查胎衣上脐带断端的数目与产仔数是否相等。

(一) 临床症状 母猪产后发生胎衣不下时，通常不表现明显的临床症状，病猪仅稍有不安，体温正常或略有升高。饮、食欲基本正常。有时候会发现从阴户里流出少量褐红色液体，体温升高至 41℃，喜饮水，食欲下降，可能由于继发感染并发子宫内膜炎。

(二)防治措施 猪发生胎衣不下时，由于解剖结构的特点，不能采用手术剥离，治疗时应考虑清宫、消炎等对症治疗。可用兽用催产素(垂体后叶素)40 单位耳根后皮下注射。用 0.1%高锰酸钾溶液，冲洗子宫后，注入青霉素 400 万单位。

十、母猪产后瘫痪

母猪产后瘫痪是由于母猪从饲粮中吸收的钙和能量不足，不能满足妊娠母猪胎儿生长和泌乳的需要，使血清中钙和葡萄糖的含量，低于正常生理水平，而发生的一种营养缺乏病。多见于母猪产后 2～5 天。是集约化养猪场母猪产后容易发生的疾病。发病率为 5%左右。其主要特征是母猪产后不能起立、采食、饮水，哺乳等发生了困难，如果不能及时治疗，则予后不良。此外，瘦肉型良种杂交母猪，可因断奶应激而发生母猪瘫痪。例如，哈尔滨某个体猪场，有上述杂交种母猪 89 头，在 1995 年 3～5 月份就有 15 头母猪，因其仔猪断奶应激而发生了瘫痪。说明仔猪断奶应激能引起母猪血液中钙、糖的急剧下降而诱发本病。看来，应激与饲养管理密切相关。母猪产后瘫痪也应该在饲养管理上下功夫预防。

(一)临床症状 病猪体温正常或稍有升高。发病初期母猪精神沉郁，对外界刺激反应迟钝。食欲减少或废绝，粪便干小，排粪次数少。轻症的站立不稳，行走时后躯摇摆。严重的不能站立，卧地昏睡。泌乳量减少，仔猪吃乳时发生恐慌，有时母猪伏卧不让仔猪吃奶。由于仔猪饥饿造成舍内一片混乱。

(二)防治措施 静脉滴注10％葡萄糖酸钙200～250毫升，通过输糖补钙，缓解低钙、低糖的负面影响。内服泻剂，通过滑肠利便，改善消化道功能。通常用食用植物油100～150毫升，拌饲料成糊状，用竹板舔喂。也可用硫酸钠40克，加水用胃管灌服。母猪妊娠后期要特别注意饲养管理，采用少量多次，勤添勤观察。重视补钙加糖，做到少睡多活动。仔猪可用5％葡萄糖溶液10～20毫升，腹腔注射可解除低血糖症。必要时采用人工哺乳。

十一、母猪子宫炎、乳腺炎及缺乳综合征

母猪由于解剖生理上的特殊性，常会发生一些相互有因果关系，诊治上又彼此牵动的疾病，如胎衣不下、子宫炎、乳房炎及缺乳症等。所以从防治上也就自然地将它们联系在一起进行处理。

子宫炎一般是由于母猪分娩、助产、胎衣不下或胎死腹中等受感染引起的。而母猪的乳房炎有相当一部分是因为子宫炎继发的。缺乳分为炎性缺乳和非炎性缺乳，而炎性缺乳又常常是子宫炎及乳房炎时的症候表现。总之，在诊治这类疾

病时，既要注意它们是相对独立的疾病，又要顾及其相互间的内在联系，做到合理施治。

(一)临床症状及诊断 患子宫炎的母猪，精神一般无明显变化，食欲及泌乳有所减少。体温正常或略有升高，时有拱背、努责及排尿状，卧地时能从阴户中流出黏液性或黏液脓性分泌物，阴户周围及尾根上有分泌物干燥后形成的痂块附着，可以诊断为子宫内膜炎。

患外伤性乳房炎的母猪，主要表现某几个乳房及乳头红肿、发热、局部有咬伤或擦伤，仔猪哺乳时母猪因痛疼而不给授乳，母猪的体温正常，全身状况良好。因继发感染引起的急性乳房炎病猪，体温常升高至41℃，精神、食欲明显变差，几乎全部乳房红肿，发热，泌乳量减少，乳汁淡薄，有时混有絮状物，严重时乳房肿大变硬，乳中有脓血和异味。

母猪产后缺乳要分清炎性缺乳和非炎性缺乳。炎性缺乳的症状基本上与急性乳房炎相似。非炎性缺乳表现乳房萎缩变小，无肿胀热痛等变化。

(二)防治措施 促使子宫收缩排污，缓解急性炎症，采用兽用催产素(垂体后叶素)50～60单位，肌内注射。对猪的子宫内膜炎、急性乳房炎及炎性缺乳，都有很好的治疗效果。用消炎止痛药给予全身治疗。最常用的是青霉素(400万单位)和链霉素2克，溶解后肌内注射，每日2次。局部消炎除菌。用1/1 000高锰酸钾溶液冲洗子宫，并用胶囊投放消炎抗菌药，治疗子宫内膜炎。用碘伏、红霉素软膏处理外伤性乳房炎。选用生乳散及活血化瘀的中成药，拌料饲喂或调成糊状灌服。兰州种猪场对母猪产后乳汁少，体温、食欲等无明显变化的非炎性缺乳，采用56～65度白酒，每天肌内注射100毫升(分3点肌内注射)，连用3天，效果良好。

十二、母猪不孕症

母猪不孕症是指已经达到繁殖年龄的母猪暂时性或永久性不能繁殖的病症。引起母猪不孕症的原因是多方面的，我们主要探讨因母猪生殖器官疾病而发生的不孕症。

(一)临床症状及诊断 母猪发情不明显，甚至不发情。主要是因为卵巢功能减退，卵泡发育处于相对静止状态，多见于子宫炎、阴道炎及卵巢萎缩等。

有的母猪能如期发情，但屡配不孕。主要是因为卵巢功能不全所致。常出现不排卵的假发情。表现发情体征明显，能接受公猪的本交及人工授精，但不能妊娠产仔。另一种情况是母猪能正常排卵，但不表现发情症兆和求偶要求，往往错过适时交配而不能妊娠。

(二)防治措施 对因生殖器官有病而不发情、不妊娠的母猪，应及时用清宫消炎药物给予治疗(见本节第八、第九、第十一所叙述的病症)。因卵巢功能减退或不全的母猪，要用公猪试情刺激，或由公猪强行交配诱导排卵，或用公猪精液人工授精诱导排卵。在此基础上，适时进行人工授精或本交。如果多次试用效果不佳的要考虑淘汰。用雌激素催情。方法一：苯甲酸雌二醇 6～10 毫克(3～5 支)，肌内注射。方法二：已烯雌酚 6～10 毫克(3～5 支)，肌内注射。猪用雌激素催情后 3～4 天内发情，发情后最好不要配种，等到第二个性周期来临时配种，产仔率会比较高。可以试用调补气血，暖腰补肾的中药。白术 20 克，炙黄芪 20 克，益母草 30 克，海带 20 克，当归 30 克，熟地黄 30 克，黄芩 20 克，砂仁 20 克，阿胶 20 克，川芎 20 克，白芍 20 克，血竭 15 克，共为末，开水冲调、候温灌服，或水煎浸液胃管投送。

附录一　猪病免疫程序

表 1　猪病免疫程序表

疫病名称	疫苗种类	猪　别	接种时间和方法
猪　瘟	猪瘟活疫苗	仔　猪	首免,20 日龄,皮下或肌内注射,剂量 1 头份;二免,60 日龄,皮下或肌内注射,剂量 2 头份
		种公猪	春、秋季各 1 次,皮下或肌内注射,剂量 2～4 头份
		种母猪	产后 20 天,皮下或肌内注射,剂量 2～4 头份
		后备母猪	配种前 20 天,皮下或肌内注射,剂量 2～4 头份
猪丹毒	猪丹毒弱毒冻干苗	仔　猪	60 日龄,皮下注射,剂量 1～2 头份
		种公猪	春、秋季各 1 次,皮下注射,剂量 2 头份
		种母猪	产后 30 天,皮下注射,剂量 2 头份
		后备母猪	配种前 15 天,皮下注射,剂量 2 头份
猪肺疫	猪肺疫氢氧化铝菌苗	仔　猪	50～60 日龄,皮下或肌内注射,剂量 5 毫升
		种公猪	春、秋季各 1 次,皮下或肌内注射,剂量 5 毫升
		种母猪	产后 30 天,皮下或肌内注射,剂量 5 毫升
		后备母猪	配种前 15 天,皮下或肌内注射,剂量 5 毫升
仔猪副伤寒	仔猪副伤寒活疫苗	仔　猪	40 日龄,肌内注射或口服,剂量 1～2 头份 注:口服时每头份加水 5～10 毫升,拌食喂或饮水

续表 1

疫病名称	疫苗种类	猪别	接种时间和方法
仔猪黄痢、白痢	仔猪大肠埃希氏菌病三价灭活疫苗	种母猪	分娩前 40 天、15 天各肌内注射 1 次,剂量每次 3 毫升
猪口蹄疫	猪口蹄疫O型灭活油佐剂疫苗	种公猪	春、秋季各 1 次,肌内注射,剂量 3 毫升
		种母猪	产后 30 天,肌内注射,剂量 3 毫升
		后备母猪	体重 25～50 千克,肌内注射,剂量 2 毫升
		仔猪	体重小于 25 千克,肌内注射,剂量 1 毫升
猪繁殖与呼吸综合症	猪繁殖与呼吸综合征灭活疫苗(ch-la 株)	种母猪	在妊娠 40 天内进行首免,间隔 20 天后进行二免,以后每隔 6 个月接种 1 次,肌内注射,每次每头 4 毫升
		种公猪	和种母猪同步、同量、同方法进行接种
		仔猪	15～21 日龄肌内注射,每头 2 毫升,免疫期为 6 个月
猪气喘病	猪气喘病弱毒疫苗	种公猪	春、秋季各 1 次,肌内注射,每头 1.5 毫升
		种母猪	产后 8 天,肌内注射,每头 1.5 毫升
		后备种猪	140 日龄,肌内注射,每头 1.5 毫升
		仔猪	生后 8 天,肌内注射,每头 1 毫升

附录二 种猪生产的技术参数

表 1 猪场工艺参数

项 目	参 数	项 目	参 数
妊娠期(天)	114	每头母猪年产活仔数	
哺乳期(天)	35	初生时(头)	19.8
保育期(天)	28～35	35日龄时(头)	17.8
断奶至受胎(天)	7～14	36～70日龄(头)	16.9
繁殖周期(天)	159～163	71～170日龄(头)	16.5
母猪年产胎次	2.24	每头母猪年产肉量(活重千克)	1575.0
母猪窝产仔数(头)	10	平均日增重(克)	
窝产活仔数(头)	9	出生至35日龄	194
成活率(%)		36～70日龄	486
哺乳仔猪	90	71～160日龄	722
断奶仔猪	95	公母猪年更新率(%)	33
生长肥育猪	98	母猪情期受胎率(%)	85
出生至目标体重(千克)		公母比例	1∶25
初生重	1.2～1.4	圈舍冲洗消毒时间(天)	7
35日龄	8～8.5	生产节律(天)	7
70日龄	25～30	周配种次数	1.2 ～ 1.4
160～170日龄	90～100	母猪临产前进产房时间(天)	7
		母猪配种后原圈观察时间(天)	21

表 2　不同规模型猪场猪群结构

猪群种类	猪群头数					
生产母猪	100	200	300	400	500	600
空怀配种母猪	25	50	75	100	125	150
妊娠母猪	51	102	156	204	252	312
哺乳母猪	24	48	72	96	126	144
后备母猪	10	20	26	39	46	52
公猪(含后备公猪)	5	10	15	20	25	30
哺乳仔猪	200	400	600	800	1000	1200
保育仔猪	180	360	540	720	900	1080
生长肥育猪	445	889	1334	1778	2223	2668
总存栏	940	1879	2818	3757	4697	5636
全年上市商品猪	1696	3391	5086	6782	8477	10173

附录三　种猪生产的日常记录表

表1　配种记录

受配母猪			与配公猪				配种记录																		预产期		分娩日期	
			主配		后补		第一个情期						第二个情期						第三个情期									
耳号	品种	胎次	耳号	品种	耳号	品种	月	日	时	与配公猪	交配方式	配种员	月	日	时	与配公猪	交配方式	配种员	月	日	时	与配公猪	交配方式	配种员	月	日	月	日

表2　种猪生长发育记录

测定日期			猪号	品种	日龄	体重	体长	胸围	体高	膘厚	腿臀围	体况（即膘情）
年	月	日										

注:体尺项目可根据各场具体情况增减

表3　种公猪系谱卡

公猪号______初配日龄______初配体重______配种成绩______

出生日期		出生地点		进场日期		离场日期		离场原因				
品种		品系		近交程度		初生重		断乳重		乳头数		左右
外形特征												

表 4　母猪系谱卡

母猪号______

出生日期		出生地点		进场日期		离场日期		离场原因				
品　种		品系		近交程度		初生重		断乳重		乳头数		左右
外形特征												

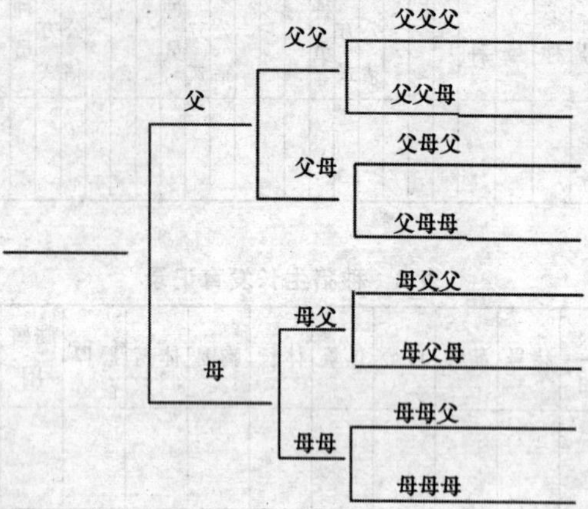

表 5　配种繁殖记录

年度	与配母猪				产仔数						初生重					初生重					留	备注
	总	正常	流	受胎	窝	产仔数			平均每窝		窝	头	总	平均		窝	头	总	平均			
						总	活	畸形	总	活				每头	每窝				每头	每窝		

表6 产仔哺乳记录

序号	耳号	性别	乳头数		初生重（千克）	20日龄重（千克）	断奶体重（千克）	毛色	代乳母猪号		推广			地点	备注
			左	右					出	入	月	日	离群时重（千克）		
1															
2															
3															
4															
5															
6															
7															
8															
9															
10															
11															
12															
13															
14															
15															
16															
17															
18															
19															
20															
合计															
平均															

母猪号				
品种				
胎次				
与配公猪	耳号			
	品种			
配种方式				
近交程度				
配种日期				
分娩日期		预		
妊娠天数		实		
配种次数				
产仔数		公	母	合计
初生时	正常			
	死胎			
	畸形			
代乳				
断乳时				
留种				
备注				

表 7　产仔哺育成绩

初娩日龄______初娩日期______母猪号______

胎次	与配公猪		分娩日期			产仔数				初生重			20 日龄重			断乳重			失配次数	寄养头数	留种仔数	备注
	耳号	品种	年	月	日	总	活	死胎	畸形	头数	窝重	头重	头数	窝重	头重	头数	窝重	头重				

表 8　猪群变动表

饲养员______　　　　　　　　　　　　　　　　____年____月____日

群别	项目	1	2	3	4	5	6	7	8	9	10	11	12	13	14	15	16	17	18	19	20	21	21	22	23	24	25	26	27	28	29	30	31	总饲养日	平均存栏
	现存																																		
	转入																																		
	转出																																		
	出售																																		
	死亡																																		
	现存																																		
	出生																																		
	调出																																		
	调入																																		
	死亡																																		

续表 8

群别	项目	1	2	3	4	5	6	7	8	9	10	11	12	13	14	15	16	17	18	19	20	21	21	22	23	24	25	26	27	28	29	30	31	总饲养日	平均存栏
	现存																																		
	转入																																		
	转出																																		
	死亡																																		
	出售																																		
	现存																																		
	转入																																		
	转出																																		
	死亡																																		
	出售																																		
	现存栏合计																																		

填表人：______

主要参考资料

1. 赵书广主编. 中国养猪大成. 北京:中国农业出版社, 2001

2. 陈润生主编. 猪生产学. 北京:中国农业出版社, 1995

3. 陈清明, 王连纯主编. 现代养猪生产. 北京:中国农业大学出版社, 1997

4. 李炳坦, 赵书广, 郭传甲主编. 养猪生产技术手册. 北京:中国农业出版社, 1990

5. 罗安治主编. 养猪全书. 成都:四川科学技术出版社, 1997

6. 蔡幼伯, 向荣编著. 高效益养猪法. 北京:中国农业出版社, 1991

7. 张伟, 邹晓庭, 母猪的饲养管理(综述). 养猪, 2000, 1:11～14

8. 李文英编. 猪饲料配方 550 例(第二版). 北京:金盾出版社, 1993

9. 张俊, 徐伟, 谢彦生编著. 猪配合饲料. 北京:科学技术文献出版社, 1998

10. 段诚中主编. 规模化养猪新技术. 北京:中国农业出版社, 2000

11. 解春亭主编. 畜牧概论. 北京:中国农业出版社, 1997

12. 总后勤部军需部. 养猪实用技术. 北京:解放军出版社, 1994

13. 李汝敏,许金友,盛叔本等. 实用养猪学. 北京:农业出版社,1992
14. 施玉麟,胡在朝,曹光辛等. 实用养猪手册. 上海:上海科学技术出版社,1990
15. 季海峰. 目标养猪新法. 北京:中国农业出版社,2003
16. 杨公社. 绿色养猪新技术. 北京:中国农业出版社,2004
17. 张仲葛等主编. 中国猪品种志. 上海:上海科学技术出版社,1986
18. 熊远著主编. 种猪测定原理及方法. 北就:中国农业出版社,1999
19. 朱尚雄主编. 中国工厂化养猪. 北京:科学出版社,1990
20. 李炳坦主编. 中国培育猪种. 成都:四川科学技术出版社,1992
21. 许振英主编. 中国地方猪种种质特性. 杭州:浙江科学技术出版社,1989
22. 李同洲等主编. 科学养猪. 北京:中国农业大学出版社,2001
23. 王爱国主编. 现代实用养猪技术. 北京:中国农业出版社,1990
24. 刘海良等译. 养猪生产. 北京:中国农业出版社,1998

猪良种引种指导	7.50 元
瘦肉型猪饲养技术(修订版)	6.00 元
猪饲料科学配制与应用	9.00 元
中国香猪养殖实用技术	5.00 元
肥育猪科学饲养技术(修订版)	10.00 元
小猪科学饲养技术(修订版)	7.00 元
母猪科学饲养技术	6.50 元
猪饲料配方 700 例(修订版)	9.00 元
猪瘟及其防制	7.00 元
猪病防治手册(第三次修订版)	13.00 元
猪病诊断与防治原色图谱	17.50 元
养猪场猪病防治(修订版)	12.00 元
养猪场猪病防治(第二次修订版)	17.00 元
猪繁殖障碍病防治技术(修订版)	7.00 元
猪病针灸疗法	3.50 元
猪病中西医结合治疗	12.00 元
猪病鉴别诊断与防治	9.50 元
断奶仔猪呼吸道综合征及其防制	5.50 元
仔猪疾病防治	9.00 元
养猪防疫消毒实用技术	6.00 元
猪链球菌病及其防治	6.00 元
猪细小病毒病及其防制	6.50 元
猪传染性腹泻及其防制	8.00 元
猪圆环病毒病及其防治	6.50 元
猪附红细胞体病及其防治	5.00 元
猪伪狂犬病及其防制	9.00 元
图说猪高热病及其防治	10.00 元
实用畜禽阉割术(修订版)	8.00 元
新编兽医手册(修订版)(精装)	37.00 元
兽医临床工作手册	42.00 元
畜禽药物手册(第三次修订版)	53.00 元
兽医药物临床配伍与禁忌	22.00 元
畜禽传染病免疫手册	9.50 元
畜禽疾病处方指南	53.00 元
禽流感及其防制	4.50 元

以上图书由全国各地新华书店经销。凡向本社邮购图书或音像制品，可通过邮局汇款，在汇单“附言”栏填写所购书目，邮购图书均可享受 9 折优惠。购书 30 元(按打折后实款计算)以上的免收邮挂费，购书不足 30 元的按邮局资费标准收取 3 元挂号费，邮寄费由我社承担。邮购地址：北京市丰台区晓月中路 29 号，邮政编码：100072，联系人：金友，电话：(010)83210681、83210682、83219215、83219217(传真)。